爸爸快来

宝妈们的育儿助攻指南

何梓涵——著

中国铁道出版社有限公司
CHINA RAILWAY PUBLISHING HOUSE CO., LTD.

图书在版编目（CIP）数据

爸爸快来：宝妈们的育儿助攻指南 / 何梓涵著.
北京：中国铁道出版社有限公司，2025. 4. -- ISBN
978-7-113-32093-5

Ⅰ. TS976.31

中国国家版本馆CIP数据核字第2025HN0420号

书　　名：**爸爸快来——宝妈们的育儿助攻指南**
　　　　　BABA KUAI LAI:BAO MA MEN DE YU'ER ZHUGONG ZHINAN
作　　者：何梓涵

责任编辑：奚　源　编辑部电话：(010)51873005　电子邮箱:zzmhj1030@163.com
封面设计：郭瑾萱
责任校对：刘　畅
责任印制：赵星辰

出版发行：中国铁道出版社有限公司（100054，北京市西城区右安门西街 8 号）
网　　址：https://www.tdpress.com
印　　刷：河北京平诚乾印刷有限公司
版　　次：2025 年 4 月第 1 版　2025 年 4 月第 1 次印刷
开　　本：880 mm×1 230 mm　1/32　印张：7.75　字数：167 千
书　　号：ISBN 978-7-113-32093-5
定　　价：58.00 元

在写这本书之前，我和编辑在共同思考一个问题：这本书到底应该写给爸爸看还是写给妈妈看呢？在我们历年来对于"父亲养育"的调研中，不断强调爸爸参与育儿对于儿童发展的重要性。"父亲"的参与有助于儿童树立更好的人格、重塑更健全的心理、拥有更良好的学习能力。所以，在撰写这本书之前，进行了一个关于"'90 后'家长的育儿现状"的调查，我和我的团队想要了解近年来年轻的爸爸们是否扛起了育儿大旗，加入育儿这支行走在漫漫长路的队伍中，也希望这本书能给予爸爸们一些科学育儿的理论支持和技术指导。

最终的调研结果令人喜忧参半，由于参加调研的对象绝大多数都来自一线城市、新一线城市、二线城市，所以父亲真正完全参与进育儿这件事的百分比接近 30%，有 60% 的年轻爸爸属于被动型育儿，能够执行妈妈或者其他长辈的一些育儿指令，不愿意管孩子的年轻爸爸仅有 10%。据这样一个粗略的统计数据，能够发现相较于 20 世纪 70 年代、80 年代出生的爸爸们，90 年代出生的爸爸们初步有了育儿观念，但是对于育儿这件事他们仍然存在诸多不足之处，例如，他们所抱怨的"自己并不了解怎么带孩子""自己的观念和伴侣存在较大差异""男性带孩子过于笨拙，很少得到正向鼓励，缺乏成就感"，抑或自己面对号啕大哭的孩子，几乎是"手无缚鸡之力"，这些都让他们对于育儿这件事感到困扰。

当我们试图了解年轻妈妈们的想法时，有一位妈妈的观念比较有意思，这也是促使我最终决定将这本书的受众群体指向年轻妈妈的主要原因。她说："我先生也好，我朋友们的对象也罢，他们不是不想管孩子，而是他们确实不懂怎么管。但是，他也不愿意看书，反正怀孕的时候我买的书他一页都没看过，觉得到时候自然而然就会了。哪里会有这种自然而然的事情哦，老师你说是不是？还不如告诉我们怎么能够调动他们这些懒汉的积极性，他们都是喊一下动一下，还是比起那些不愿意动的要强一些，所以我们自己懂了方法之后再喊他们，这样才能让妈妈们轻松一些。"

我们录音笔记录的爸爸阵营和妈妈阵营，各自都认为自己尽其所能来养育孩子，这也成为讨论的核心之一。到底怎样才能帮助年轻的家庭减轻育儿过程中的心理负担呢？本书将从一个家庭的角度出发，把接受过咨询的家庭中的共性问题提取出来汇编成案例，再辅以容易操作的简单方法，来解决不同家庭的育儿困难。前两章主要围绕父亲的养育方式方法展开；第三章至第八章主要围绕幼儿成长的五大领域展开，包括如何通过爸爸与孩子的亲子游戏，帮助孩子获得更好的发展；第九章是整本书的升华与总结，讲述在教育孩子的过程中，别忘了教他／她什么是爱，让他／她学会爱自己、爱他人，学会尊重与包容。

希望阅读此书的朋友们在闲暇之时，通过书中的一个个小游戏，和皮皮妈妈一起用有效的方式来帮助爸爸们变成"育儿超人"！

作　　者

2025 年 1 月

目

录

第

一

章

关于爸爸参与育儿这件事

01　爸爸们"不愿意参与育儿"的真相

情景：

夜深了，皮皮妈妈失眠了，回想起有皮皮的这些年，每天都是哄皮皮睡了以后自己再去收拾乱七八糟的房间，而皮皮爸爸不是在打游戏就是在看手机，真的让人非常不开心。皮皮妈妈没有想明白为什么生了皮皮以后，绝大多数带孩子的活儿都是自己在做。自己为什么要生这个孩子呢？皮皮妈妈忍不住在家长群里吐槽了一下："你们家爸爸带孩子吗？"

"他能管好自己就不错了，还带孩子！"丁丁妈说。

"偶尔带一下吧，但是爸爸带孩子啥也不会啊！"天天妈说。

"我们家爸爸带，但是我不在就不行，孩子就要闹。"朵朵妈说。

皮皮妈妈看着逐渐热闹起来的宝妈群，又扭头看了看熟睡的皮皮爸爸，心情并没有因为其他爸爸也不带孩子得到任何好转。皮皮爸爸的呼噜声忽大忽小，这一瞬间让皮皮妈妈回想起她和皮皮爸爸刚相识的时候，那会儿年轻的皮皮爸爸分明是一个勤快又贴心的男孩子，多年来对自己疼爱有加，要说他不顾家肯定是不合适的。只不过有了皮皮以后，不知道为什么皮皮爸爸就变得懒惰、毛躁了。

在那个夜晚，平时用来拼儿童用品的宝妈群被"爸爸不带孩子"的吐槽与埋怨彻底激活了，屏幕后是几十个和皮皮妈妈一样因为育儿困扰失眠的妈妈们。"好了，今天就到这里吧各位，我们再不睡觉明天就起不来给孩子做早饭了。"大家互相道了晚安。

"有人想和我一起帮助爸爸学习育儿吗？有的话私聊我哦。"皮皮妈妈发完这条消息以后把手机放在了床头柜上。可能是刚才和大家一起吐槽消耗完了她剩下的精力，她睡了一个难得的好觉。第二天睁开眼的时候，她看到手机有一条新的好友申请，备注是"你想知道爸爸为什么不带孩子吗"，微信名叫作"二宝妈妈小莫"。

◎ 莫老师小贴士

"二宝妈妈小莫"就是莫老师的私人微信号，皮皮妈妈后来才知道小莫的工作是家庭教育指导师。"父亲育儿"一直是教育界的一个热门研究内容。曾几何时"父亲养育""父亲参与教养""父职参与""父亲育儿观念"等关键词，成为诸多教育工作者所研究的方向。有关父亲与孩子成长密切相关的文章可以追溯到 20 世纪 90 年代，最早教育工作者们想要了解中国父母养育孩子的不同类型与孩子人格品质、学业表现之间的关联性。而后，父亲是否参与育儿，父亲的育儿观念与儿童成长发育现状之间的影响关系成了进一步研究的主题。

"父亲所承担的角色是养家糊口，母亲的角色是相夫教子"，在"80后""90后"，甚至是"00后"的回忆里，养育责任更多落在了妈妈肩上。

随着当代女性接受教育的程度日益加深，年轻妈妈们希望自己的伴侣能够多承担"育儿"的责任。可是当今的爸爸们，真的如同群内所讨论的那样，处于一个"鲜有爸爸育儿"的状态吗？

父亲参与育儿的时间少、参与方式单一、参与的积极性不高，这是一个初步的总结性结论，但是仍有30%左右的父亲，每周与孩子沟通的时间大于8小时，他们与孩子沟通的内容涉及生活的方方面面，他们也陪伴孩子做游戏、讲绘本、辅导作业、带孩子出行等。只不过从数量上来说，能够和妈妈媲美的爸爸只占一少部分。但是从20年的家庭育儿的发展研究可以看出，愿意参与、愿意学习、愿意尝试的父亲数量正呈现上升的趋势。这也就意味着只要我们找到其中的原因，并且与爸爸们共同学习，未来参与育儿的爸爸数量会越来越多。

我们的目标是通过良性沟通，和他一起找到育儿的困难点所在，助力爸爸变成"育儿超人"。

情景：

"你好，皮皮妈妈。"小莫发来了消息，皮皮妈妈擦了擦手划开了屏幕。在一天和小莫断断续续的沟通中，了解到小莫家里有两个小朋友，老大已经读初中了，老二点点刚上幼儿园。一胎的时候爸爸基本没怎么管过，生了老二以后他们进行了很长时间的沟通，现在点点爸爸还算是合格的带孩子能手。

"如果你想知道孩子爸爸为什么不愿意带孩子的话，不如换个角度和爸爸聊聊天。"说罢，小莫发来了一个表格（见表 1.1），"参考表上的方向和皮皮爸爸聊聊天试试吧。"

表 1.1　和爸爸的第一次沟通

题目	使用指南
请爸爸回忆一下最近一周回家以后最开心的事是什么	妈妈和爸爸聊天的时候可以分批次聊聊对应的主题，不用按 1 ~ 6 的顺序刻板问答，也没有标准答案，不论爸爸回答什么都可以
请爸爸回忆一下最近一周回家以后遇到的最大困难是什么	
请爸爸思考一下照顾宝宝最简单的一件事是什么	
请爸爸思考一下照顾宝宝最难的一件事是什么	
请爸爸思考一下有了宝贝这几年最开心的事是什么	
请爸爸思考一下有了宝贝这几年最让自己不高兴的事是什么	

"我不能直接问他为什么不想管孩子吗?"皮皮妈妈感到很疑惑。

"谁愿意下班以后听到伴侣的指责和埋怨呢，'你为什么不想管孩子'这句话很容易成为争吵的导火索啊！先和他聊聊，看看你有什么感受。"

皮皮妈妈倒是花了一些时间和皮皮爸爸去聊天，虽然一开始很艰难。"好不容易皮皮睡了，咱俩聊儿会儿天呗。"皮皮爸爸的表情一下就警惕了起来："这么晚了聊什么，你又要说我是不是?""也没有，咱俩好久没有好好聊天了，每天都很辛苦。想跟你聊聊最近一周咱俩遇到的开心的事。我最开心的事是这周你都没加班，然后皮皮吃饭也很乖，妈妈最近做的饭很好吃。"皮皮爸爸见皮皮妈妈依偎着自己，并没有要谴责自己或是抱怨的意思，想了想对她说:"有一天我下班回来,陪皮皮拼积木,拼好以后他抱着我说'爸爸我好爱你',那一瞬间我觉得好开心。"

"还有,这一周工作不算很忙,没有怎么加班,工作也比较顺利,也还挺好的。"

"嗯,对了,周末不是说要带皮皮去露营吗,应该不会临时加班开会,我这周都抓紧把工作提前安排好了。"

皮皮爸爸诉说的都是日常生活的小事,这周皮皮妈妈还因为他玩手机没有管皮皮气到失眠,好像皮皮爸爸确实是不知道她糟糕的情绪。

"好啊,那我们周六就去买一些露营时要吃的东西,到时候叫上妈和我们一起去吧。"皮皮妈妈的语气又缓和了一些。

"妈才不会去,她不愿意折腾,就咱俩带皮皮去吧,让妈休息一下。"

"也行,那就辛苦你了,我自己可准备不了那么多食物,你儿子要吃的乌梅小番茄可难切了。"

"我跟你一起弄就行了,皮皮都那么大了,让他跟着一起准备。"

好像沟通比皮皮妈妈想象中要温和一些,但她不认为皮皮爸爸心里记着去露营的事,以前出去玩都要再三催促,干任何事都要催着皮皮爸爸做,久而久之自己也习惯用命令的语句让皮皮爸爸去做这个做那个。

所以叫几次之后,皮皮爸爸没有给出及时的反馈,自己的情绪都会崩溃得很厉害,又反复陷到为什么只有自己照顾孩子这样的想法之中。

"那我问你啊，这周回家，你有没有啥不开心的事。"

"没有啥不开心的，生活不都是那样。赶紧睡吧，明天还上班。"

好像对于男性而言，问一百次都问不出点什么来。"回家沉着脸看手机的时候还少吗，还说没有！"皮皮妈妈又有点心烦，不过时间也确实不早了，该睡觉了。

◎ 莫老师小贴士

虽然我们的目标是了解"为什么"，但是如果能够基于"发生了什么""你的感受是什么"这样的客观因素来沟通，我们对于"为什么"的理解也会更加客观一些，这也是表格中并没有单枪直入"你到底为什么不愿意带孩子"的原因。萨提亚的沟通理论中所提到的一致型的沟通方式，可供大家参考借鉴，即自我、他人、情景一致，能够尊重自己的想法与感受，愿意去了解对方的需求与感受，愿意同对方一起考虑到事情发生的客观因素，一起想办法解决问题。所以，表 1.1 中所提供的沟通思路，也是帮助妈妈们能够暂时把埋怨放在一边，了解一下爸爸们最近的经历、情绪的变化、让其觉得开心与不开心的客观事件，等等。

妈妈们从自己的角度出发，总会下意识替伴侣找出"不育儿"的原因，如懒惰、逃避责任、笨手笨脚、不肯学习、拖延等消极的因素。在以往的研究中，爸爸们所提及的育儿困难与妈妈们指责的有所差异。他们认为自己：缺乏正确的育儿方式、缺少更多的时间与精力、当孩子发生状况的时候不知道应该怎么做；有的时候家人不支持自己的育儿方式，来自伴侣和长辈的批评让自己丧失育儿动力，等等。

在我们的访谈中，有的爸爸认为自己从孩子出生的那一刻起就失去了家庭地位。因为，不管自己参与尝试哪一项照顾孩子的小事情，自己的母亲和妻子总是觉得自己笨手笨脚，好像什么都做不好。这让他很受打击，更别说全家人都围着孩子转了。这个孩子抢走了父母对自己的关心，更是抢走了妻子对自己的爱，而且她们也不听自己的建议，所以慢慢就不想管孩子。反正也不会，也做不好，做了也被埋怨，干脆就不做了。

我们问道：如果多给你一些肯定和支持，你还愿不愿意尝试共同育儿呢？因为你的妻子会认为你不爱自己的孩子，也不爱自己的家庭。

他沉默了好久，告诉我们：谁会不爱自己的孩子呢？只是他接受不了这样的落差，当了爸爸以后自己变成了什么都不行的人。

所以莫老师再一次申明，无论是孩子爸爸还是孩子妈妈，大家都是第一次做父母，对一个家庭而言更重要的是共同承担责任。我们并不是在为爸爸们找理由，而是帮助爸爸找到育儿困难的原因，一起克服这些困难，共同承担育儿的责任。毕竟家庭中的一切矛盾都需要家庭成员的共同协调与努力，才能够解决。只有妈妈育儿或是只有爸爸育儿，对于儿童的发展而言都具有一定程度的局限性，养好一个孩子需要爸爸和妈妈共同努力。

02　爸爸参与育儿对于家庭原来这么重要

情景：

　　周末的露营进行得还算顺利，可能是提前沟通了要做乌梅番茄这个事，皮皮妈妈还在准备三明治的时候，就看到皮皮和爸爸拿着小砧板在一边捣鼓。"爸爸，你到底会不会弄，这个乌梅不要核的。"皮皮一脸嫌弃地看着爸爸。皮皮爸爸塞了一把儿童水果刀给他，"光在这里说，你帮我把番茄切开，想想平时妈妈是怎么弄的，你学着切开一条缝，切条缝都不会还说我笨。"

　　看着皮皮和他爸爸互相嫌弃，又很认真埋头苦干切番茄，一时间皮皮妈妈不知道是该欣慰还是生气。怎么能因为孩子爸爸连弄个番茄都不会，就说他照顾孩子太少了？想到小莫说少对皮皮爸爸抱怨，抱怨不能解决问题，也就什么都没说，继续忙着手上的活。

　　"不过好像有几天没和小莫聊天了，上次她说让我跟她分享和皮皮爸爸沟通的情况呢。"皮皮妈妈虽然这么想着，但是等她真正发消息给小莫的时候，又过去一周多了。

"小莫，我觉得可能皮皮爸爸也不像我想的那么不管孩子，因为其实他记住了很多和孩子在一起的开心时光，但是问他有什么不开心的事，他却不太愿意和我分享。"

"他平时工作上不开心的事是不是也不太会跟你说？"小莫回复得很快。

"对啊，为什么呢？"

"原因可能是他不想传递糟糕的情绪，也有可能是他不想让你担心，还有可能是他不想再一次因为不开心的事而争执。"

皮皮妈妈看到这样的回复觉得也有一些道理。

"对了小莫，皮皮爸问了我一个问题，他说像露营这些事，有没有爸爸的陪伴对皮皮的影响大吗？其实我当时挺生气的，以为他又要临时爽约，但是想到你说的先别急着埋怨，我就说可能是有影响的，皮皮也想和爸爸玩，你怎么看呢？"

微信的对话框一直显示在输入中，皮皮妈妈等了一会儿就晾衣服去了。等她回来的时候看到小莫说："其实不光是对孩子有影响啊，对你也有影响。孩子需要爸爸，妈妈也需要爸爸。"

"有时候我总觉得你懂得很多，你是做什么工作的？我还没问过你。"皮皮妈忍不住问小莫。

"是哦，我忘记自我介绍了。因为我觉得大宝长大以后和他爸爸的相处方式，还有他爸爸不管他这件事有问题，就重新学习更换了职业。后面这些年，我都在做家庭教育指导师。这和心理咨询师有些像，只不过处理的是家庭教育的问题，偶尔涉及一些夫妻关系修复。这个工作时间比较自由，方便我带二宝。"

"啊，怪不得我感觉你好像懂很多，原来你的工作就是这个呀，莫老师。"

"叫我小莫就行，我在那个群也不是为了工作进去的，我这个号也是私人号。有什么问题呢，随时欢迎你来问我。"

这下，莫老师的身份才算是被皮皮妈妈知道，而后皮皮妈妈也按照常规的咨询流程预约了很多次莫老师的教育咨询。

莫老师小贴士

皮皮爸爸所提及的"爸爸是否参与露营，对皮皮会不会有什么影响"这个问题其实也是很多年轻的父母好奇的地方。"如果让爸爸参与育儿反而弄得一团糟的话，还不如自己管孩子。""反正孩子妈妈已经把孩子带得很好了，我参不参与好像也没什么区别，况且孩子也不愿意听我的。"他们时常会这样认为。

就像莫老师在前文中所持的观点那样，父亲参与育儿的意义不仅存在于孩子身上，也存在于自己的伴侣身上。先来看父亲参与幼儿的成长过程，对孩子的好处有哪些：

（1）父亲参与育儿有助于缓解幼儿成长过程中的焦虑情况。

（2）父亲参与子女的成长过程有助于培养儿童早期各项能力。

（3）父亲对子女温和的态度与表达方式，能够使孩子更有勇气面对生活中发生的挫折与挑战。

（4）父亲参与儿童早期阅读活动，使用相对复杂的语言与儿童进行沟通，有助于儿童语言能力的发展。

（5）父亲的陪伴能够一定程度抵消儿童在未来的成长过程中

所存在的消极因素及其他风险带来的消极影响。

（6）儿童与父亲定期接触能够提升他们调节情绪的能力。

（7）父亲有充足的陪伴时间，能够提升幼儿的认知能力、社会发展能力、人格品质发展能力。

综上所述，父亲参与养育对儿童的发展而言其重要性不局限于以上的观点，从儿童的健康发展、心理健康发展等方面而言，父亲的参与也起着重要的作用。

那么父亲参与育儿对伴侣又有什么样的益处呢？当父亲能够为家庭分担一定程度的育儿压力，母亲的育儿压力减缓后心理健康就会得到一定程度的保障。同时，共同育儿能够提升母亲的自我认同感，也就是说妈妈们会产生出"我是一个还不错的妈妈，我做得还可以，我当妈妈挺棒"这样的一些观念。双方共同养育，也能够在一定程度上提升婚姻质量，让夫妻双方都能拥有相对平稳的精神状态和更加积极的情感反馈，缓解父亲或者母亲独自育儿的倦怠情绪。

我们对于夫妻共同养育孩子的家庭进行了一些采访，其中一些观点让我印象十分深刻。

A妈妈："其实我觉得养孩子不会让两口子关系变差，和打游戏一样的，两个人要学会合作闯关。"

B妈妈："我刚生完孩子其实产后抑郁很严重，她爸爸一直耐心照顾我，让我觉得这个孩子生得很值得，而且对于孩子的事有时候我还没他懂得多，我时常觉得爸爸好辛苦，又要照顾女儿又要照顾我。"

A爸爸："我不觉得带孩子是多么困难的事，她（孩子妈妈）

也是第一次当妈妈，我可以和她一起学的，她能做的我也可以做，就能让她多休息一下，她很辛苦的。"

B 爸爸："我真的很不喜欢我老婆一直念叨说我冲的奶不够热，也不喜欢我妈跟着一起念叨说我给孩子换尿布很慢。没办法的，我也要慢慢积累经验，但是我没想过放弃哦，我们两个人的家嘛，她们也是心里急才会说我慢。"

从以上几个家庭给的反馈，我们可以很清晰地感知到他们的家庭氛围是良性的，两个人一起养育孩子，彼此在育儿这件事上的矛盾也不多，也能够从他们的陈述中感受到彼此对于对方的体谅与感激。所以，要问父亲参与育儿对自己的伴侣、家庭有什么好处，这些都是父亲承担本就该承担的责任所带来的益处。

正是长时间以来，我们对于母亲独自育儿、父亲独自育儿、隔代养育、父母共同育儿这样一些有差异性的养育方式所带来的影响并不了解，所以时常才会有爸爸说"感觉没什么差别"这样的话。

相信看到这里的爸爸妈妈能够清晰地了解到父亲参与育儿对于整个家庭的重要性。

03　什么样的爸爸才是好爸爸

情景：

自露营愉快结束以后，皮皮妈妈观察了一周，发现皮皮爸爸并没有像自己之前担心的那样。比如说，这周她的工作有点忙，有几天回家的时候皮皮已经睡了，于是有一些担心皮皮幼儿园老师发群里的亲子手工不能及时完成，没想到一进皮皮房间就看到桌子上放了一个用纸筒搭起来的大飞机，两个翅膀上还涂上了花花绿绿的颜色，甚至还贴上了皮皮喜欢的猪猪侠贴纸。

"那个大飞机，你陪皮皮做的啊？"皮皮妈妈睡前问了一句。"那当然了，我和他做了两天才弄好呢。"皮皮爸爸看起来有一些骄傲，"还不错吧！"

"之前咋没见你陪皮皮一起做过手工作业呢？我还不知道你会做这些。"

"你忘啦，"皮皮爸爸手舞足蹈说，"之前皮皮小班的时候啊，老师让弄一个什么用易拉罐做的高跷，你说我做得太丑了，皮皮带去幼儿园要丢人！我用了两个不同颜色的易拉罐，好像大小不太一样，皮皮站上去就晃。然后，我说要不往上垫点东西，你让我别添乱了，自己又重新用旺仔的罐子做了一个给皮皮拿过去。后来我就不怎么参与手工这件事了。"

"但是你知道吗，皮皮周二晚上给我说，完蛋了爸爸，妈妈这周一直加班，飞机肯定做不出来了，要被老师批评了。我就问他，爸爸跟你做行不行，他勉强同意了。后来第一次没做好，他都要哭了，说完蛋了，真的完蛋了。我告诉他，你不能不相信你爸啊，咱们再做一次。皮皮非要等着你回来弄，结果周三你又加班，他非常不情愿地找我说再做一次。你知道做好的时候，皮皮对我说啥吗，他说：'爸爸你太厉害了，这飞机好漂亮，你真是一个好爸爸！'"

皮皮爸爸第一次滔滔不绝地说了好多关于他照顾皮皮的事，这让皮皮妈妈感到万分诧异和意外。那么，究竟怎样才是好爸爸呢？

皮皮妈妈发了朋友圈，配图是皮皮爸爸的背影，文字是"皮皮说他是好爸爸"。这引来了不少妈妈的评论。"孩子就是天真，陪他玩就是好爸爸了。""皮皮真是一个小天使。""我们家女儿也会经常抱着我说，我爱你我的好妈妈。"

🎯 莫老师小贴士

那么"好"与"坏"之间的界限是怎样的呢？在这里，我们仍然要从孩子的角度以及伴侣的角度出发，来看待什么样的爸爸是"好爸爸"。先从孩子的角度来看，在以往针对"好爸爸"的相关儿童视角研究中，有的孩子眼中理想父亲的外表是脸上有笑容、姿态端正、高大帅气、身材好、重视个人形象的。儿童眼中理想父亲的本领，是贴近儿童生活，是可以满足儿童对掌握某项本领需求的。这样的爸爸能让孩子觉得"有面子"。

儿童提到的希望父亲掌握的本领主要包含学科知识、兴趣发展和技巧提升三个方面。

儿童眼中理想父亲应具备的品质：一方面是与现实父亲相对应的品质，如勤劳、乐于助人、有耐心、幽默、讲信用等；一方面为儿童在动画片等艺术作品中看到和社会宣扬的优秀品质，如勇敢、坚强等。

与此同时，孩子期待能够直观了解到父亲对于自己的爱意，也希望父亲能够给自己多一些的陪伴。在儿童访谈中，针对"你觉得什么样是好爸爸"的问题，孩子们给出了不同的答案。

儿童 A（7 岁）："我觉得好爸爸就是对我有耐心，我做错题的时候不会一直骂我。"

儿童 B（7 岁）："好爸爸就是，我和别人打架了，他站在我这边。"

儿童 C（8 岁）："他能够认真听我说话，不要敷衍我，就是好爸爸。"

儿童 D（9 岁）："我希望爸爸在家能够少玩手机，多陪陪我。"

儿童 E（11 岁）："能够好好跟我沟通，不要只看到我的成绩好坏。能够让我有喘口气的时间，才算是好爸爸。因为我的爸爸总是拿小升初这件事说我，但是我还是很爱他的，我知道他是为我好。"

　　儿童 F（12 岁）："我马上就是青少年了，能够经常回家陪我吃饭的是好爸爸。我很久没见到爸爸了，他的工作越来越忙。"

　　之所以挑取了小学生的回答，是因为 6 岁（小学）之前的孩子的回答非常具有短暂的事件性质。比如，有的孩子会认为陪自己做游戏的是好爸爸，有的孩子会说自己的爸爸就是好爸爸，有的孩子会说不在家大声说话就是好爸爸。有的孩子则会说一些具体的事件，印证爸爸做了一件让自己开心的事情，就认为这是一个好爸爸。当然也有的孩子说不管爸爸怎么样，都是自己的好爸爸，自己永远爱爸爸、妈妈。

　　当我们总结孩子们对于"好爸爸"这个定义的时候，会发现在孩子眼里，好爸爸具有这样的一些特征：

　　（1）能够有充足的时间陪伴自己，包括回家吃饭、陪自己玩耍等。

　　（2）能够让自己感受到爸爸的在乎与关心。

　　（3）能够语气平和地与自己进行交流对话，包括多一些耐心、少发脾气、不要体罚等。

　　（4）能够尊重自己，把自己当成平等的人，不去命令自己。

　　（5）在家里能够维持良好的家庭氛围，减少和妈妈或其他亲人的争执。

　　（6）能够懂很多知识，不去贬低孩子的爱好或朋友。

　　（7）能够多夸奖自己，看到自己做得好的一面，能够接受自己是一个不完美小孩。

　　那么从妈妈们的角度来看，什么样的才算是"好爸爸"呢？家中有一个"好爸爸"能够让这个家庭更和谐，也能让家庭成员之间的关系更加密切。将妈妈们的回答进行了整理归纳后，得到了以下观点：

（1）多回家陪孩子，不管是陪孩子做什么事，多陪陪小朋友，多花一些时间在家里。

（2）陪孩子的时候不能把孩子丢在儿童乐园自己玩手机，要参与孩子的游戏环节或者跟孩子进行有效的互动。

（3）能够参与孩子的亲子作业或是亲子课堂，家园合作或是家校合作的项目要协助妈妈共同完成，能够去给孩子开家长会，能够与班主任进行关于孩子学习情况的沟通，能够在孩子演出时去观看等。

（4）了解自己的孩子，包括孩子的爱好（包括穿衣喜好、饮食偏好、兴趣爱好等）、孩子的基本个人特征（如身高体重、衣服尺码，是否有用药过敏、食物过敏等情况）、孩子的认知情况（包括孩子现有的认知水平、掌握了哪些能力等）、孩子的擅长与不足之处、孩子的交友情况、孩子最近的小愿望等。

（5）能够用平等的态度与孩子进行沟通，少对孩子发脾气，不要打骂孩子。

（6）别把工作中的糟糕情绪带回家。

（7）能够尊重孩子的爷爷奶奶和外公外婆，能够以身作则。

（8）在孩子面前不抽烟、不喝酒、不说脏话，不进行过多的消极评价。

（9）能够独立完成哄孩子睡觉或是带孩子出去玩这样的事情，能够给孩子做饭。

（10）能够在孩子面前维持家庭和睦，不要冷战。

（11）能够分担照顾孩子过程中的家务，包括日常琐碎的家务。

（12）是孩子心中的"超人爸爸"，能做一个勇敢的好榜样，能够对家庭、对孩子负责。

看起来妈妈心中的"好爸爸"更多像是对爸爸的一种期待，希望自己的伴侣能够去做目前他还做不到的一些事情。每一项妈妈对好爸爸的期许，都是日常小事。

所以，不论是在儿童眼中还是妈妈眼中，"好爸爸"其实应当有与妈妈相匹配的育儿能力，能够尽可能扮演好自己人生中"父亲"这一角色，能够让孩子知道父亲的爱究竟为何物。不论是"好爸爸"还是"好妈妈"，能够尽其所能履行这个角色背后被赋予的职责与义务，就是"好"的标准了。

偶尔孩子会说"你真是一个坏爸爸"，这样的时刻可能是爸爸故意藏起来让孩子找不到着急大哭的时候；也有可能是爸爸答应陪孩子出去玩，却被一个电话叫去加班，孩子失望委屈的时候；也有可能是孩子犯错后遭到爸爸的批评，自己气急败坏的时候。这些其实都伴随着特定的情景和客观因素，但是他们嘴里的"好"一定是发自内心的爱。

所以，究竟什么样才是"好爸爸"，相信各位爸爸妈妈心里已有了自己的答案。表1.2是爸爸沟通记录表，可以参照做自己家的爸爸沟通记录表。

记录表：爸爸沟通记录

表 1.2　第一次沟通记录

题目	沟通状况	结果
请爸爸回忆一下最近一周回家以后最开心的事是什么		
请爸爸回忆一下最近一周回家以后遇到的最大困难是什么		
请爸爸思考一下照顾孩子最简单的一件事是什么		
请爸爸思考一下照顾孩子最难的一件事是什么		
请爸爸思考一下有了孩子这几年最开心的事是什么		
请爸爸思考一下有了孩子这几年最让自己不高兴的事是什么		
……		

第二章　如何帮助伴侣成为好爸爸

01 你需要一颗强心脏

情景：

最近皮皮妈妈的情绪又不太好，因为皮皮爸爸最近的心思显然没有在家里，更没有在皮皮身上。一回家就瘫在沙发上，让他洗碗叫好几遍也叫不动。皮皮幼儿园的小任务都完成了，碗还在池子里泡着，皮皮爸爸还在玩手机。这家里真是乱得不能再乱了，沙发上歪歪斜斜扔了几件脏外套，门口的鞋也是东一只西一只。皮皮妈妈此时此刻的情绪快要崩溃了，才好了几天就又恢复原样了，甚至比之前还差，之前只是不管孩子，现在好了，连自己的事都不管了。

想到之前莫老师说有效的沟通是先不要急着抱怨和责骂，先了解一下事情背后的原因和客观因素，皮皮妈妈安顿好皮皮让他自己在卧室玩一会儿以后，深呼吸了几口气，大步走到皮皮爸爸面前："皮皮爸爸，碗还没洗，你在干吗呢？在加班工作吗，还是这会儿遇到急事了？"皮皮妈妈觉得这是自己在这种情景下能够说出的最温柔的几句话了，也不知道皮皮爸爸能不能看到自己紧握的拳头和假笑的表情。

"我在看短视频呢，等会儿洗。"皮皮爸爸眼皮都没抬的答复让皮皮妈妈的怒火一秒就燃烧了。为了不让自己在皮皮面前大声嚷嚷发脾气，她特意选择去做家务，远离这个让她恼火的源头。"让一让你的脚。"皮皮爸爸搭在茶几上的腿挡住了正在拖地的皮皮妈妈，可是脚并没有挪开，当然碗依然在水池里。

皮皮妈妈生气了，"怎么会这样，我以为你改了。"皮皮爸爸可能忙着看手机没听见，也有可能是不知道如何接话，总之自打这句话以后，皮皮爸爸和皮皮妈妈就没再说过任何一句话。到了睡觉的时间，皮皮妈妈进了皮皮的卧室就没再出来，皮皮爸爸怒气冲冲回到自己的卧室，关门的声音可不小。

"妈妈，你和爸爸为什么吵架？"皮皮盖好被子一脸乖巧地看着妈妈。皮皮抱着皮皮猴，身上也盖着皮皮猴的被子，此时的皮皮和平日的模样相差甚远。皮皮妈妈一面摸着皮皮的小脑门，一面自我安慰："算了算了，也不是一天两天的事了，明天问问小莫老师吧。"

莫老师当然会问皮皮妈妈："你有没有问问皮皮爸爸不洗碗的原因？有没有忍住先不发脾气？有没有理解皮皮爸爸的处境呢？"这几个问题的答案皮皮妈妈可早就准备好了，这种让人崩溃生气的时候，谁能够心平气和地去考虑对方的处境和感受呢？自己已经烦得不得了，家里的家务事难道对方不应该一起分担吗？为什么他有一点点进步自己都要既感动又开心，这不是他应该做的吗？这值得夸奖吗？这让人越想越生气。

"我好好和他说了，也让自己脱离矛盾情景去做家务解压了，我好像没法去理解他的行为，因为真的很过分，就不能指望男人做任何事。"皮皮妈妈看起来既愤怒又沮丧。

"你能告诉我，除了不能指望皮皮爸爸做任何事，你还有什么别的想法吗？"莫老师问。

"我很失望，之前看起来他变了都是他一时兴起造成的假象。对他的期待又全部落空了，我本来以为他有所改观了，还美滋滋地发朋友圈说他好，谁知道他就是这样。"那天皮皮妈妈说了很多消极的话，大多都围绕不再相信皮皮爸爸会当一个好爸爸展开。

莫老师回复得很快："皮皮妈妈，有空来一趟我的工作室吧，这事儿是挺难办，咱们需要一颗强心脏才行。"

◎ 莫老师小贴士

那么问题出在哪儿呢？是皮皮妈妈的想法出现了偏差，还是沟通的方式出现了困难，还是什么别的呢？首先来看皮皮妈妈自身情绪协调的问题。当皮皮爸爸在上一次的露营活动中表现良好时，皮皮妈妈下意识会认为这才应该是皮皮爸应有的样子，对皮皮爸爸的期待值一下子就提高到了与露营当天齐平。

这也是很多妈妈对于自己的伴侣或是孩子经常持有的心态，当伴侣一直不管孩子，自己便对伴侣丧失信心不再有期待。但是当伴侣偶尔履行了一个父亲的责任时，自己又会在顷刻间对他的期待值无限增高，迫不及待希望他永远保持这样积极的状态。当皮皮妈妈的心理预期很高，而皮皮爸爸又达不到要求时，就会出现之前的场景，皮皮妈妈再次陷入对皮皮爸爸的失望与懊恼这一系列情绪之中。

　　对待孩子自然也是同理。假设你的孩子从进入小学以来一直都是倒数，你和自己的伴侣对孩子的成绩逐渐不抱任何期待。你会自我安慰说："这个孩子就这样了，健康就好。"突然有一天孩子考了全班第三名，你的欣喜若狂会让你重新拥有信心和期待。你期待他日后能维持第三名，甚至是冲击第一名。

　　那么当孩子考了连续三次第三名之后，第四次考了第十名，你的情绪会是如何呢？生气、责怪孩子，然后告诉孩子就是因为他最近玩手机太多了所以成绩下降，还不抓紧时间学习。你会说："你是一个聪明的孩子，就是最近太贪玩了。你不要玩了，抓紧时间学习，下次考试追回来。"尽管相较于先前，第十名的成绩已经进步很多了，但是更多时候，我们的眼里只看得见孩子退步的地方。

　　可能有的家长会说，孩子的成绩本来就有波动，从倒数一下子提升到班级前三怎么可能，孩子就算进步也要循序渐进。对，这就是皮皮妈妈的问题所在，她不能够接受皮皮爸爸的改变也需要循序渐进这样的过程。不论是谁，改变之前的生活方式、行为方式都非易事，都需要时间。所以，我们一定要学会一件事叫作"抱有合理的期待值"，只有这样，自己才不会在一些偶然事件中轻易失落，才不会被突如其来的消极情绪左右。

　　当然，皮皮妈妈所说暂时不与皮皮爸爸进行沟通，脱离让自己情绪糟糕的情景，这个想法是非常正确的，但是为什么她的情绪始终保持暴躁的状态呢。这就要说到什么叫作正确脱离情景，不仅是与让自己情绪糟糕的对象暂时停止对话，也包括暂时不去思考让自己情绪差的事件源头，不让自己一直处于无法解决的困扰环境中。在刚才的事件中，皮皮妈妈因为打扫卫生的问题和皮皮爸爸起了争执。那么恰当的做法是可以带皮皮下楼玩一会儿，或是自己洗个澡回卧室看看剧。而不是在此种情绪状态下，还要继续做"打扫卫生"这件在之前引发矛盾的事情。

等情绪冷静以后再去沟通或是再去思考解决办法，都是更加合理的方式。一定要记住情绪欠佳的时候，离开矛盾的源头，这个源头包括这个人、这件事、这个环境。

情景：

皮皮妈妈有一些懊恼，就好像莫老师在替皮皮爸爸进行开脱一样。明明是他偷懒，答应的事不肯做，却还是要求自己冷静，真太不公平了，皮皮妈妈心想，拿起挎包就准备离开莫老师的工作室。莫老师见状赶忙拉住皮皮妈妈："你先别急呀，你觉得皮皮爸爸能不能一夜之间变成整个群里最勤快的爸爸？""好像不能。"

"那你再想想这一周，皮皮爸爸是不是像你说的这样每天只玩手机任何事都不做，一夜回到先前的感觉？"

"好像也不算吧，他最近工作忙我知道的，其实他就是拖，前几天碗拖到睡前才洗，也把衣服洗了，还帮皮皮做了一回手工作业。"

"好，那你再想想最开始你在群里发牢骚的时候，皮皮爸爸又会做多少家务呢？"

"所以你的意思其实是说，皮皮爸爸有进步了，只不过我对他的期待值比较高，所以今天很恼火是吗？这么大的成年人了，还要像小孩子一样吗？"皮皮妈妈问道。

"是呀，所以我才说咱们需要一颗强心脏，来应对皮皮爸爸和皮皮在成长过程中所面临的进步与短暂懈怠，还有他们传递出来的消极情绪与想法。毕竟大家都是普通人，总会有心情不好的时候，也会有想放弃的时候，这都是正常的。"莫老师又解释了一番，"等你情绪稳定一些，我们再讨论如何跟皮皮爸爸进行有效沟通这件事吧。"

莫老师小贴士

任何人做任何事都不可能一蹴而就，总是迎着曲折的路线缓慢前进，如果我们那么容易受影响，只会让自己的情绪也跟着跌宕起伏。当我们知道了一个人的改变需要一个循序渐进的过程时，我们就可以相对平稳地看待这个过程中所遇到的惊喜与低迷了。简而言之，让这件事在我们心里的预计范围之内，"意料之中"的事儿才不会让我们产生过度的亢奋或是消极情绪。

另外，深呼吸是能够让自己情绪缓和下来的有效方式。深吸一口气到丹田，再缓慢吐出，这样重复几次，能够让自己急促的心跳得到相对有效的缓解。另一种相对有效的方式就是去楼下走走，去视野开阔的地方散个步。不论怎样，当我们心中有了糟糕情绪的时候，一定要通过有效的方式帮助自己把消极情绪排出来！

02　论沟通技巧的重要性

情景：

其实回家以后，皮皮妈妈想起莫老师说的话，先冷静下来，再用合适的方式试着和皮皮爸爸进行沟通。不过进家的瞬间皮皮妈妈的呼吸一下子又急促起来，一大一小两个人各拿着一个平板在玩。皮皮妈妈深吸一口气："今天晚上咱们吃什么啊？你们俩都在玩啥呢？"

皮皮飞奔过来抱住妈妈，连脚丫子上的小恐龙拖鞋掉了也没注意："妈妈，我们出去吃火锅吧，我好想吃火锅啊！"皮皮爸爸也放下了手上的平板，"皮皮快换衣服了，我们和妈妈一起出去吃火锅吧。"爷儿俩并没有给皮皮妈妈一个发脾气的机会，一家人闹闹哄哄地去了火锅店。等位的时候皮皮妈妈觉得这是一个沟通的好时机，没有人在忙着做任何事，只是在等待叫号吃饭。

莫老师怎么说来着，先要和对方进行共情。这个简单，上次也是这么做的。皮皮妈妈准备出击了，"爸爸这周工作是不是很累啊，忙得怎么样啦？""就那样，是挺累的，每天回家就不想动了。"皮皮爸爸在第一个回合就输出了让皮皮妈妈糟心的情况"回家就不想动"。怪不得每天都在家瘫着，让我看着怪不顺眼的，皮皮妈妈心想，可是接下来应该说什么来着，应该去理解他的处境吧。"我看最近你下班都没有准时过，上次每天都加班的那一周我也是很疲惫，回家确实什么都不想做。"

皮皮爸爸懒洋洋地拿着手机刷新着排队等位的界面，"早知道这么多人我早点带皮皮来排队好了，也不会等这么久。""不过为什么今天想出来吃饭？周末我想着给皮皮做点好吃的，平时他都在幼儿园里吃，很少能和我们一起吃家里的饭。""我想着一周了你很累嘛，晚上就出来吃呗，今天周末你还要出去应酬忙事情，就不做了。"

确实，皮皮妈妈去莫老师那里是给皮皮爸爸说要去应酬一下。因为，皮皮妈妈实在不知道该怎么告诉皮皮爸爸认识了一个家庭教育指导老师，在接受对方的一些帮助。

傍晚的天气依然很热，空气中还有湿气，皮皮等得有一点不耐烦了。他说总有蚊子咬他的腿，尽管找前台姐姐要了花露水，还是被花蚊子追着咬。皮皮妈妈回想起莫老师所说的，尽管理解对方，但也要说出来自己的不满和需求，一定要让对方知道自己的情绪才行。所以，她一面挥手帮皮皮驱赶着嗡嗡飞的蚊子，一面给皮皮爸爸说："天真热，自己做饭肯定一身汗了。不过你知道吗，每天回来你都瘫着，虽然我很心疼你工作辛苦，但是我一个人做家务就会有点冒火，催促你做一点事会让我心里很急躁。可能我不是全职妈妈，上班回来吧确实也会累，虽然比不上你每天都加班，但是也挺辛苦的。"

皮皮爸爸有一阵没回话，只见他沉默了一会儿，飞快地刷了刷手机的屏幕又按了锁屏，"抱歉啊，这么多年我都习惯了你收拾家里，我不知道你不高兴，以为是你工作上情绪压力大，也就没多问你。"皮皮妈妈听他这么说倒是心情缓和一些了。"这样嘛，家务还是分工干，你太累的时候就把脏衣服直接放洗衣机里，或者我们买个脏衣桶，这样家里整洁一点，你觉得行不？""我觉得可以，我还想跟你商量咱们家买个洗碗机，有时候我一犯懒啊就真的不想从沙发上起来，也不可能让你做那么多事。要不洗碗拖地这种事，我们买洗碗机和扫地机器人吧。"

皮皮爸爸倒是自己进入了沟通的最后一个步骤，商量如何解决问题。"行，买吧，但是我有一个要求，就是除了机器人可以做的以外，家务还是分工做。特别是皮皮我们一起带，要不然太累了，还有晚饭，我累的时候叫外卖吧，反正皮皮平时都吃饱了才回家。"解决问题的思路一下就打开了，并没有强迫谁一定要做什么事，而是综合考虑了一下两个人工作压力的实际情况，把一些耗费时间精力的事情进行了一定程度的优化，两个人都能获得更多的休息时间。

◉ 莫老师小贴士

此前莫老师教皮皮妈妈的沟通方式其实有这样一个套路：提出问题—认真听—进行共情—陈述自己的情绪与需求—共同商讨解决方案。共情的意思就是"我能够认真听你的解释，我能够站在你的立场考虑当时的情况，我愿意跟你一起想办法解决问题"。从传统的沟通角度来说，我们更倾向于：提出矛盾（我为什么不高兴）—提出解决方案（我觉得你应该怎么做）。这样的方式会让对方感到埋怨与一定程度的攻击性。例如，"你烦不烦，我才拖了地，你能不能就老实坐着不要动。"如果用共情的方式，就会这样说："你急着去上厕所是不是，那是憋不住了很着急，我憋不住也急，但是我刚拖了地，你下次再着急的时候光脚跑过去行不行？"

　　两者之间的区别在于，前者站在居高临下的位置指责对方的行为，并且告知对方我认为你应该如何做，并没有考虑到对方的实际情况。后者能够将对方的客观情况与当下发生的事情进行关联，并且提出一个可尝试的方案，让两者都能够接受。这也是萨提亚模式中经常提及的一致型的沟通方式。

　　在萨提亚的理论中，她认为沟通方式分为了五种，分别是讨好型（只在乎别人不在乎自己）、指责型（只在乎自己不在乎别人）、超理智型（只在乎情景不在乎人）、打岔型（谁都不在乎、什么都不关心）和一致型（既在乎自己，也在乎他人的感受，也关注事件发生的客观因素）。她认为只有将自我需求、他人需求与客观情景因素三者进行结合，才能够好好沟通解决问题。

　　接下来将用皮皮妈妈的例子，为大家讲解这五种模式。皮皮妈妈回家看到皮皮和爸爸都在玩平板，已经到了吃饭的时间了，厨房里什么吃的都没有。

　　讨好型：对不起啊皮皮，是妈妈回家太晚了。宝贝饿了没有，是不是饿了？都是妈妈不好，没注意时间，妈妈下次一定改。

　　指责型：（对着皮皮爸爸）几点钟了，你为什么不做饭？你不吃饭，皮皮也不吃饭吗？（面向皮皮）几点钟了还在玩平板，眼睛不要保护了吗？

超理智型：到了吃饭时间了，要么做饭吃、要么出去吃、要么别吃了，做不好饭不是你不做饭的理由。

打岔型：妈妈今天出去和莫阿姨见面，发生了一件很好玩的事哦。什么，你饿了？没事，你先听妈妈说完。

一致型：已经到吃饭时间了，你们饿不饿？我好饿！你们想吃什么？咱们在家里吃，还是出去吃？

从以上五种类型的沟通方式来看，其实对我们而言都不陌生。如果你是讨好型沟通方式的家长，请试试多给自己一些关注，多放一些精力在自己的身上，多爱自己一些。如果你是指责型的家长，请试试多理解一下对方的处境，多尝试共情的方式去体谅他人的感受，努力去听听对方在说什么。如果你是超理智型的家长，请试试除了客观条件和结果以外，察觉一下自己内心的情绪波澜，结果并不一定是最重要的。如果你是打岔型的家长，请试试认真听完孩子或者伴侣在说什么，并且给对方一些真诚的反馈，再继续想表达的话语。相较于这四种沟通方式，能够让对方情绪稳定、态度相对积极并且能够进行客观对话的方式只有一致型的沟通模式，既要让对方感受到被尊重，又要表达出希望对方尊重自己情绪想法的需求。

如果我们想要与孩子的爸爸进行良好的沟通，在自己情绪冷静下来后不妨试试一致型的沟通方式：认真听对方说的话并且给予有效的回应；使用共情的方式，尊重并理解对方的客观情况；不退步，合理表达自己的情绪与需求；共同商量解决的方案，提出自己的想法，询问对方的态度与建议。

03　适合初级奶爸的阶梯计划

情景：

　　夜深了，到半夜都没能入睡的人是皮皮妈妈。她好不容易把夜里惊醒的皮皮再次哄睡，听着皮皮爸爸震耳欲聋的呼噜声，她怎么也睡不着了。这个场景似曾相识，上次也是深夜失眠吐槽才认识了莫老师。这段时间自从家里买了扫地机器人和洗碗机以后，皮皮爸爸也还是可以履行之前的承诺，只不过最大的问题就是嘴上说要帮忙带孩子，却什么事都做不好。比如说，让他洗一下皮皮的小衣服，他直接扔进了洗衣机里面，一下子洗染了色；皮皮好不容易睡着了，他却用胡子扎皮皮的脸，又把孩子弄醒；最夸张的是，让他给皮皮洗个澡，他根本不知道怎么洗，惹来皮皮阵阵不满。"爸爸你好笨，你弄到我眼睛了，你会不会洗哦?"皮皮忍不住抱怨了一句。"爱洗不洗，自己洗去。"皮皮爸爸说完就离开了浴室，"他不让我给他洗，你去吧。"

　　皮皮午睡以后，皮皮妈妈瘫在床上刷着手机，和妈妈们分享了这些小事情，看着妈妈们的回复笑出了声。"怎么还有爸爸给孩子洗个澡都能把孩子弄哭啊，真逗。"皮皮妈妈也没想到居然有的爸爸比皮皮爸爸还不靠谱，真不知道该让他们帮忙做什么了。

"爸爸们好像做什么都差点意思，还总给妈妈们添堵，真不知道到底要不要爸爸们帮忙一起照顾孩子，还不如自己做呢。"有一位妈妈这样说道。这也是皮皮妈妈一直以来的一个困惑，自己和皮皮爸爸已经从育儿老师那里了解到爸爸一块儿带孩子的重要性，但是育儿老师没说让皮皮爸爸做什么啊，每次皮皮爸爸干的活都要皮皮妈妈再返工一次，比一个人做家务照顾孩子还要疲惫。

本意是希望皮皮爸爸一起分担照顾孩子的事，但是好像还要自己教一遍盯一遍，担心他做不好再返工一遍，还不如自己弄得快呢？要不周末带皮皮爸爸去认识认识莫老师吧，或许莫老师能有什么好办法。

周末到来之前，皮皮妈妈和莫老师说明了自己的用意，想要和皮皮爸爸一起接受正统的家庭教育咨询。也和皮皮爸爸旁敲侧击说明了自己的用意，希望他能够陪自己一起去，夫妻二人共同学习怎么把皮皮养育得更好。

周末的天气很好，皮皮妈妈帮皮皮爸爸整理好儿童车，把皮皮放上去坐好，一家人散着步去了莫老师那儿。走一走皮皮困了，想要爸爸抱着睡觉。小小的皮皮在爸爸怀里显得更加娇小，谁能想到这个小孩子已经读幼儿园了。

莫老师看着皮皮爸爸怀里的皮皮，又看了看只背了一个母子包的皮皮妈妈，笑盈盈地说："这不比自己带孩子的时候好多了，爸爸分担小皮皮啦，妈妈就不会这么累了，是不是？"

　　皮皮妈妈对这件事倒是认可，自己再也不用背上背着包，一只手推着儿童车，另一只手还拎着东西了。"莫老师，我们这次来是想问问，爸爸到底可以做什么。因为，好像对于皮皮爸爸来说，很多小事情都有一些困难。比如他给皮皮洗澡就觉得很难，要很久才能洗好，我就担心皮皮受凉。是我担心太多了吗？有什么好方法能够帮助爸爸吗？"

　　"皮皮爸爸，你能给我们说说在照顾皮皮这件事上，最容易和最难的分别是什么吗？"莫老师看着皮皮爸爸问道。

　　皮皮爸爸一边思考一边拍着皮皮的后背，"我想最简单的应该就是帮忙抱孩子和拿儿童用品吧，我力气比较大，带孩子出来玩的时候我拿着东西再抱着他也不觉得累，他妈也会轻松一些。但是让我去记住儿童餐蔬菜、水果和肉的比例，给他洗澡，做幼儿园布置的手工那些细活，真是太难了。比如，给他洗澡，我总是出错，而且我的力气也控制不好，总是把孩子弄疼。"

　　莫老师朝皮皮爸爸点点头，拿出了一份表格出来，"其实这个事要从男性和女性擅长的地方说起。你们看，对于皮皮爸爸来说，他做一些需要消耗体力的事情就会轻松一些，但是对于更精细的事情可能就不太擅长。所以，我们需要一些阶梯计划来帮助爸爸做一些力所能及的事情。一下子让他什么都去做，而且还要都做好的难度有点大。你们看这个表（见表2.1）啊，这样的拆解任务的方式叫作拆小步法。"

　　"咱们拿给婴儿时期的皮皮换尿布举个例子，可能对于皮皮妈妈来说，当年换尿布是一件简单的事，但是皮皮爸爸三年前没怎么换过吧？因为对于爸爸来说太难了，首先他不知道什么时候需要换尿布，所以他老是通过拆开尿布来看尿了没有，帮助自己做判断，孩子会感到不舒服。"

表2.1　阶梯任务拆分表

任务目标	拆分环节1	拆分环节2	拆分环节3
换尿布	学习辨别何时该换尿布	1.知道干净尿布、湿巾等所需物品的位置； 2.养成换尿布之前先拿东西的习惯	1.学习脱尿不湿； 2.清洁小屁股； 3.涂爽身粉； 4.换尿布
给皮皮洗脸	1.观察学习什么样的水温适合皮皮洗脸； 2.记住适合皮皮洗脸的水温自己摸起来是什么感觉； 3.知道盆里的水多久会凉，给皮皮洗脸要用多长时间，要不要加热水	1.知道给皮皮洗脸用的毛巾是哪一块； 2.知道给皮皮洗脸的步骤有哪些（包括洗干净，擦干净，涂宝宝霜）； 3.知道儿童护肤品的位置和涂抹顺序	1.学习用皮皮不会感到疼的力度洗脸； 2.学习如何清洁皮皮脸上结块的食物残渣； 3.学习如何在皮皮挣扎的时候进行安慰
给皮皮洗澡			
做儿童餐			
洗皮皮的衣服			
照顾生病的皮皮			

"所以就这个问题来说，要先让皮皮爸爸学会观察尿不湿上面的标签或是学会通过捏一下尿不湿来确认是否需要更换。那么当皮皮爸爸发现需要更换尿布的时候，会先把尿不湿拆下来，然后去找干净的尿不湿和湿巾，然后才换干净的尿不湿。皮皮妈妈担心他这样会让孩子着凉，所以第二步是当皮皮需要更换尿不湿的时候，皮皮爸爸能够帮助妈妈把尿不湿和湿巾等所需

要的东西拿过来。最后才是学习如何去更换尿不湿。"

皮皮爸爸和皮皮妈妈点了点头，原来换尿布都需要分步骤练习啊。如果一开始爸爸只能帮忙拿尿不湿和湿巾也可以，比他擦不干净皮皮的小屁股'还让皮皮兜着脏东西'最后妈妈再全部重新弄一遍要强。皮皮妈妈说："你不是想要老二吗？我们来试试，看你学会拆小步骤没有。如果啥任务都能拆解学习，我就考虑生老二了。"

皮皮爸爸凭借着自己的回忆与理解，与皮皮妈妈共同完成了"阶梯任务拆分表"。各位妈妈可以在本子上尝试写写自己家里的"阶梯任务拆分表"。

◎ 莫老师小贴士

皮皮爸爸和皮皮妈妈又照着"换尿布"的对应拆解步骤，试着写了"给皮皮洗脸"需要哪些步骤来完成。他们得到的规律就是：要先让皮皮爸爸观察做一件事的顺序是什么；了解所需物品的位置，再了解不同物品的使用规则；识别每个小步骤所需要的顺序、技巧和力度。通过步骤拆解法帮助皮皮爸爸从认知到实操上提高熟练程度，这样的话就减少皮皮爸爸越帮越忙的情况了。

拆小步骤法也是幼儿园老师经常会使用到的一种达成教学目标的方法，一般称为目标行为分解细化策略。这样的策略会应用于对于儿童行为问题的处理或是课程目标的设置之中。当我们无法一步达到计划目标的时候，就会将总目标拆解为数个小目标，再针对每个小目标进行对应的训练与重复，从而达到由小到大的过渡与转变。

在前面的内容中，我们曾经提到了爸爸没有办法一步登天，一夜之间成为100分的"超人爸爸"。这也就意味着新手爸爸们无法把照顾孩子一开始就做到十分完美。除了给予足够的包容以外，我们仍然需要帮助爸爸们来拆解他们心里觉得困难的育儿难题。这样当他们逐一达成小任务以后，才会在心里建立起"我照顾孩子还可以，我还挺厉害"这样的信心和成就感，才愿意继续攻克更多的难关。

可能有的妈妈心里会产生疑惑，难道所有事情都要这样一步步拆解吗？这样也太麻烦了。请记住，拆解步骤的根本是希望爸爸们能够先学会观察，再逐一进行尝试。我们可以让新手爸爸从最简单的事情开始做，逐渐过渡到有一定难度的事情。例如帮忙拿湿巾这样简单的指令就完全不需要拆解，因为这个行为很单一，就是找到—拿取—运送到指定位置。但像给皮皮洗澡这样的包含多个行为的任务，就需要进行拆解了。

对于日常生活而言，拆解可能应用的频率不会特别高，但是在教育孩子的过程中，拆解目标就显得尤为重要，不仅要让爸爸们能够完成拆解的任务，也要教爸爸们拆解的理论是如何进行的。

既然撰写这本书的目标是给妈妈们提供一些理论指导与技术支持，帮助爸爸们成为育儿能手，那就希望妈妈们能够与皮皮妈妈一起，从沟通方式开始尝试新的技巧，一点一点帮助爸爸成为"超人爸爸"吧！

04　好爸爸是夸出来的

情景：

自从学会了拆解目标，把大目标变成小目标去学习、再进行练习的方法，皮皮爸爸最近干劲十足。他学会了给皮皮洗澡，不再把洗发水的泡泡弄进皮皮的眼睛里。他学会了做最简单的儿童早餐，"很简单嘛，把五谷杂粮放进破壁机里面，然后调好定时。趁皮皮刷牙的时候用早餐机煎个蛋，再热一杯奶。"皮皮爸爸的表情非常得意，"真不知道我以前为什么会觉得照顾孩子很难。"

皮皮妈妈的内心甚是欣喜，每天睡前夫妻俩都会针对家中的琐事进行简单的聊天。这样下去，皮皮爸爸就能够接管更多家务事了。只可惜没过多久，皮皮爸爸的热情就慢慢散去了，晚上的聊天也有点像例行公事。不妙，皮皮爸爸肯定又遇到状况了。

经过皮皮妈妈一番努力沟通，她了解到皮皮爸爸是因为最近没有什么成就感。虽然生活上的小事情很容易学会，但是教育皮皮这件事始终没办法做到尽善尽美。皮皮最近经常和爸爸唱反调，总是说："你不懂，我们老师不是这么说的，我要去找妈妈。"这让皮皮爸爸感到很受挫，好像在皮皮心里，爸爸什么都不懂。他遇到困难第一时间还是想着找妈妈。而且皮皮很久没有说过"爸爸好棒！""爸爸真厉害！""我最爱爸爸！"类似的话了。从皮皮妈妈身上也没有得到持续的正面鼓励，从一开始的"你好棒啊，说说你是怎么做的"慢慢就成了敷衍和说教。皮皮妈妈不再鼓励皮皮爸爸做到的小事情，反而会给他很多看似好意的"建议"，这让皮皮爸爸心里很不舒服。

"小孩子需要不断鼓励，怎么大人也需要这么做吗？"皮皮妈妈发信息给莫老师。

"那是当然啦，虽然是30多岁的人了，皮皮爸爸也希望自己的努力被自己的爱人和孩子看到，也希望得到肯定与鼓励啊。"

"所以说皮皮爸爸最近有点消沉，是因为我和皮皮对他的关注少了、鼓励少了？"皮皮妈妈虽然觉得有点不敢相信，但是她还是把皮皮叫到了小卧室里。"皮皮，妈妈跟你商量一件事呗，就是今天晚上网课结束以后，找爸爸给你讲一下今天的家庭作业。老师说了，要完成一个小游戏，你叫爸爸陪你一起玩，妈妈给你们录像。""爸爸每天不都要跟我一起完成游戏作业吗，没什么新奇的啊。""你还要给爸爸说'爸爸你辛苦了！你是最厉害的爸爸！'。如果他问你为什么这么说，你会怎么说？""我就说因为别人的爸爸都不会经常陪孩子完成家里的游戏作业，但是他陪我了，所以他很厉害。"

晚饭后，皮皮一副乖巧的样子拿出平板来学习，"爸爸，今天要做个游戏作业，你陪我做不？"皮皮爸爸起身陪皮皮完成了用身体摆出数字2这个小作业。皮皮按照约定抱着爸爸说："爸爸你辛苦了！你是最棒的爸爸！"说完便跑回自己的卧室了，只留皮皮爸爸坐在沙发上，表情有一些复杂。皮皮妈妈从他的脸上看到了吃惊、开心、欣慰、感动这样的情绪变化，想必皮皮爸爸的心情好一些了。

看来大人也需要夸啊，"好孩子都是夸出来的"这句词可以改改为"好爸爸也是夸出来的"。皮皮妈妈对父子俩的表现感到十分满意。

莫老师小贴士

从心理学的角度来说，表扬其实是正面强化的一种方式，这就要追溯到百年以前行为学派对于万事万物的态度。他们认为只要通过一定的强化，就能够帮助动物建立起某种行为联系，从而产生条件反射。例如大家所熟悉的巴甫洛夫的狗实验，或是斯金纳的小白鼠箱子的实验。正是通过强化让小动物形成条件反射，从而达到对应的行为目标。

相信各位家长都听说过一个词叫作"正面管教"，其中的秘诀也是用正面积极的方式态度去看到孩子做得好的地方，用优点去弥补短板与不足，鼓励孩子能够看到自身的优点所在。当孩子自身能够产生积极的情绪去面对自己，能够客观认识自己，能够知道自己的优缺点以后，他们才有更积极的动力去克服生活中所遇到的困难与学习挫折。

当我们期待一个人能够养成一个良好的习惯或者学习一项新

的技能时，如果能够及时对于他/她的行为进行鼓励，那么就能够促进他/她达成这一目标。鼓励分成非物质鼓励和物质鼓励。当孩子达成一定的目标时，给孩子买他们喜欢的礼物、带他们出去吃想吃的食物、完成他们的一个小愿望等，这些都是物质奖励。

那么非物质奖励又是什么呢，这里分成口头言语奖励和肢体语言奖励。口头言语奖励就是告诉孩子鼓励他们的话，例如"你完成了这个目标，你真棒""你一直都没有放弃，你很厉害"等。有的家长可能会纳闷，这和平时自己说的"你真棒"有什么区别呢？这就涉及家长是否进行了有效的鼓励，表扬了具体的事件、品质或是做得好的地方，而不是泛泛夸奖"你真厉害""你真棒""你真行"。

不论是对孩子还是对自己的伴侣，我们尽量使用具体的鼓励，要看到他们真正进步的地方，因为那才是他们希望被注意到的细节所在。泛泛的夸奖会让他们觉得"不走心、很敷衍、很随意"等，只有关注到了实质性的进步之处，才会让他们相信你是发自内心的夸奖。他们的努力与付出被自己在乎的人看在了眼里、记在了心里。口头鼓励一定要以对方的实质性进步作为鼓励的点，要善于找到对方的优点。例如，皮皮爸爸给皮皮洗澡的时候，没有把皮皮弄哭，但是皮皮身上的泥忘记搓了。这个时候我们就要从这个情景中找到皮皮爸爸的优点。皮皮爸爸今天也坚持给皮皮洗澡了这一点很棒；没有让泡泡掉进皮皮眼睛这一点很棒，说明爸爸变细心了；没有把皮皮弄哭也很棒，说明爸爸逐渐开始掌握适宜的力道了，这些都是能够对皮皮爸爸进行鼓励的地方。

肢体语言奖励是给孩子一个肯定的眼神、给对方一个真诚的拥抱或是亲吻。这些都是促进自己与孩子或伴侣之间关系的方式，目的仍然是表明自己是真的在乎对方、真的欣赏对方的优点，对对方的成长感到由衷的称赞。

对待孩子如此，对待新手爸爸亦是如此，只有不断正向强化，才能让爸爸们从心里相信自己所做的每件事都被自己的伴侣牢记，自己真的在不断进步，自己好像还挺棒的，是一个不错的爸爸。这也是建立爸爸们育儿信心的一个良性方式。在这里，莫老师也给各位妈妈提供了一个记录爸爸育儿能力成长的表格，见表2.2，各位妈妈可以参考用这种方式对爸爸进行正向的奖励，记录爸爸做同样一件事所花费的时间，这里可以用作平日里的记录，也可以用于一个效率挑战的游戏。例如，掐表进行15分钟洗澡挑战，看皮皮爸爸能否在15分钟以内完成给皮皮洗澡这件事。当然，妈妈也可以把数十次的时间记录制作成一个坐标图，这样能够清晰地看到爸爸的进步所在。

表2.2　效率提升记录表

日期	事件名称	花费时间
×月×日		20分钟
×月×日	给皮皮洗澡	18分钟
×月×日		15分钟

表2.3是一个奖励兑换表，主要作用是将不同的家务进行积分划分，做得不够妥善之处也标记了减分。爸爸和妈妈可以选择不同的家务进行积分。积分可以以周为单位，也可以以月为单位，奖励可以是现金也可以是自己想要的礼物或是全家人一起做的事。累积到了对应的积分后，就可以找对方兑换对应的礼物作为辛苦照顾家庭的奖励。

表2.3 奖励兑换表

事件	积分	奖励	兑换积分
给皮皮洗澡	+10 分	20 元奖励	200 分
乱扔袜子	-2 分	50 元罚款	500 分
给皮皮讲睡前故事	+5 分	火锅一顿	1 000 分
没有把衣服按颜色分开洗	-5 分	罚给妈妈买口红	2 000 分

　　这样的方式一方面能够促进夫妻双方应对家庭事务的积极性，另一方面也能够增加家庭中对待家务的乐趣。等孩子大一些以后也可以让孩子参与到这个奖励兑换机制里来，培养孩子的责任心与其他良好的品质。

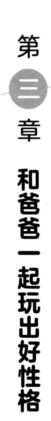

第三章 和爸爸一起玩出好性格

01　我可不是胆小鬼

情景：

皮皮这天回家的时候，脸上有一道很显眼的红色伤痕，这可把皮皮妈妈心疼坏了。"皮皮你怎么了，自己摔了吗？还是和别的小朋友打架了？"皮皮一脸倔强又生气地叉着腰说："我和豆豆今天玩沙子的时候，看到一只虫子，豆豆说我不敢拿虫子是胆小鬼。我就说我不是胆小鬼，不敢拿虫子也不是胆小鬼！豆豆就一直说我，我就生气了，推了豆豆，然后豆豆也推了我。"

"妈妈，不敢抓虫子的小朋友真的是胆小鬼吗？""当然不是了。"虽然这样告诉皮皮，但是皮皮妈妈总觉得男孩子的确应该学会当一个勇敢的小朋友，皮皮好像确实害怕虫子。

皮皮妈妈从莫老师那学到了一个方法叫作情景再现，通过重新把当时发生的事情演绎一遍，让小朋友观察事情的全貌，帮助孩子了解应该如何应对此类事件，所以晚上她和皮皮爸爸编排了这样的一场戏。

　　吃过晚饭后，皮皮妈妈收拾碗筷，皮皮爸爸在厨房洗碗。突然厨房传来了爸爸的一声尖叫："啊！"皮皮和妈妈赶忙跑向厨房。"爸爸你怎么了？"皮皮担心得要命。"刚才有一只蟑螂从我面前爬过去了，速度非常快。""爸爸你害怕蟑螂吗？""对啊，我最怕蟑螂了！"皮皮爸爸假装出惊恐的表情，连连点头。

　　这个时候，皮皮妈妈拿着驱虫喷雾回到厨房，"都让让，不就是只蟑螂吗，一个大男人还怕蟑螂，真是一个胆小鬼！"做出驱虫的姿势。爸爸带皮皮悄然离开厨房，并偷偷用手机关掉了厨房的灯。"谁关的？！不知道我最害怕黑吗？快点打开！"厨房里传来了皮皮妈妈的咆哮声。皮皮爸爸"幸灾乐祸"地围着皮皮妈妈说："多大的人了还怕黑哦，你真是一个胆小鬼！"皮皮妈妈转身过来佯装要打皮皮爸爸，皮皮则在他们中间挠痒痒，一家人闹作一团。

　　可是这么一来，一家三个人全部都是"胆小鬼"，这可怎么办呢？

　　等他们闹够了以后，三个人瘫倒在沙发上气喘吁吁休息。皮皮妈妈问皮皮："你会不会觉得爸爸妈妈是胆小鬼啊？"皮皮想了想说："也不会吧，你怕黑，爸爸害怕蟑螂，我是怕虫子，都有害怕的东西，就不是胆小鬼。"皮皮爸爸抱着皮皮，摸了摸他的小脑瓜，"每个人都有自己害怕的东西，这是一件很正常的事。能面对自己害怕的事，就是一种勇敢的行为，你说是不是？"皮皮点了点头。

◎ **莫老师小贴士** ━━━━━━━━━━━━━━━━

　　勇敢这个品质，确实是很多爸爸妈妈希望孩子所拥有的良好品性，这意味着孩子有能力去进行自我挑战，能够去克服困难。那么勇敢到底意味着什么呢？除了皮皮爸爸所说的，能够直面自己的恐惧之外，能够不断挑战自我也是一种勇敢；能够承认自己的错误也需要勇气；能够认输也是勇敢；能够主动站在前面去保护需要的人也是勇敢。这是一种富有综合性质的优点，也是很多孩子身上所欠缺的。

　　有的家长会说男孩子一定要勇敢，女孩子就可以温柔一些。不论是男孩还是女孩都需要建立起健全的人格，培养良好的习惯和品质。这也就意味着良好品质是可以在学龄前早期进行锻炼习得。带孩子去进行丰富多样的挑战就能够培养孩子勇敢这样的特征。当然有的家长会说，如果孩子怕虫是不是就要让孩子去抓虫子、去摸虫子这才是勇敢。请记住，尊重自己的缺点和恐惧也是一种勇气。我们建议家长带孩子克服的是由于未知所带来的害怕和恐慌心理，而不是逼着孩子去接触自己害怕的源头。

情景：

　　"妈妈，我怎样才能成为一个勇敢的小朋友呢？"

　　"这还不简单，跟你爸出去玩吧！"

　　"皮皮，快来看，爸爸准备了一个很厉害的挑战想和你一起完成。"

　　皮皮爸爸在用旧的奶粉罐做了一个"梅花桩"。第一圈的罐子比较矮，挨得也比较近，皮皮挨着走过去非常轻松。第二圈的罐子高矮不一，皮皮的步伐明显变慢了很多。"爸爸我怕掉下去，我够不到那边远的罐子了，爸爸你帮帮我。"皮皮爸爸伸了一只胳膊给皮皮,让他扶着再往前迈。皮皮一边试探一边继续走第二圈罐子,也算是慢慢走完了。

到了第三圈罐子,不仅高低不一样,距离有的很近、有的很远。皮皮试着蹲下来把腿伸直了,脚尖都够不到罐子,眼瞅着就进死胡同了。"爸爸你帮帮我,我过不去了。"皮皮又开始向爸爸求救。"你抬头看看,有没有可以借助的工具呢?"皮皮爸爸没急着去帮他,"你看是不是有单杠的拉环,你试试看能不能过去一点点,再往下踩。"爸爸用手比画着,告诉皮皮可以怎么做。皮皮伸手抓住了吊环,往前挪动了一点,就在他快要能够踩住下一个罐子的时候,手一滑就掉下去了。"哟!"皮皮大喊了一声,"我再来一次吧。"试了好几次,皮皮终于成功了。

晚上给皮皮洗澡的时候,皮皮爸爸说:"儿子,我觉得今天你就很勇敢,你看啊,你在爸爸的帮助下挑战了第二圈,这就是勇敢。然后第三圈的时候你摔了,但是没有哭,这也是勇敢。后来你终于挑战成功了,这也是勇敢。勇敢就是生活中你敢去尝试没做过的事,也敢去面对一开始可能做不好会失败这样的结果,敢继续挑战,这都是勇敢的表现。虽然你害怕虫子,但是你可不是胆小鬼,你是爸爸心里最勇敢的'小超人'。"

◎ 莫老师小贴士

对于儿童而言,运动类的游戏就是一种培养儿童勇气的方式,而运动类游戏恰好又是爸爸们所擅长的方向。爸爸们带孩子进行运动的过程中，就可以参考皮皮爸爸的方式，鼓励孩子进行尝试，提供一定程度的帮助让孩子感受到成功的快乐。除了运动类游戏之外，儿童绘本也是很好的方式，例如《别再抱我啦》《不怕不怕，小螃蟹》《女孩们无所不能》《克服恐惧》等。

02　跟着爸爸去探险

情景：

皮皮爸爸休年假了，莫老师建议皮皮爸爸单独带皮皮出去玩一玩，让皮皮妈妈在家好好休息一下。皮皮妈妈对于这个建议自然是十分开心，可是皮皮爸爸要带皮皮去干什么呢？结合之前让皮皮了解了什么叫作勇敢，不如这次就去看看有什么更富有挑战的"冒险活动"吧。当然，这些活动必须是在科学的安全防护下，而且适合孩子所在年龄段。

在皮皮妈妈和皮皮爸爸的收集整理下，得到了这样的一份清单，见表 3.1。

表 3.1　"冒险"类活动清单

项目类型	项目内容（儿童版活动）	游玩时间	适宜人群
室内活动	博物馆大冒险	2 ~ 3 小时	3 岁以上
	探洞乐园	0.5 ~ 1 天	3 岁以上
	模拟探险剧本游戏	2 小时	4 岁以上

续表

项目类型	项目内容（儿童版活动）	游玩时间	适宜人群
室内活动	恐龙冒险乐园 （也有其他类型的主题儿童乐园，类似于欢乐谷）	0.5～1天	3岁以上
	攀爬乐园 （大型室内运动中心）	0.5～1天	4岁以上
室外活动	水上乐园	0.5～1天	3岁以上
	户外木质攀爬乐园	1天	4岁以上
	模拟丛林探险	0.5～1天	5岁以上
	划船亲子活动	1～2小时 （加上出行需要准备1天时间）	5岁以上
	户外飞盘夺宝活动 （建议和露营一起）	0.5～1天 （时长取决于露营地位置）	5岁以上
	模拟荒野求生	1～2天	6岁以上
	模拟自然寻宝	2～3小时	5岁以上
	滑雪	1～2小时 （加上出行需要准备1～2天时间）	3岁以上

　　皮皮妈妈是无论如何都没想到，居然有这么多可以让爸爸独自带皮皮去挑战的项目，而这些消耗体力的项目也确实是她很难完成的。既然收集了这么多的内容，以后就让皮皮爸爸慢慢带皮皮去玩吧！不过先从哪一项开始玩呢？皮皮爸爸想了想，"要不我们做一个大转盘吧，上次莫老师说家庭活动要让皮皮也有参与感，要让他参与全部过程，培养他的责任心。他和我们一起做一个大转盘，然后把感兴趣的项目用便利贴挨个贴上去，转到哪个就去哪个。皮皮你说好不好？"皮皮拍手同意。

莫老师小贴士

皮皮爸爸与皮皮妈妈整理的冒险类活动清单，可供各位爸爸妈妈们想带孩子活动的时候进行筛选，可以根据对应的类型筛选自己城市中所提供的对应的活动。一般情况来说，这样的游戏非常消耗孩子的体力，需要各位爸爸带孩子出发以前，准备好孩子的食物和饮用水的补给。

如果是户外活动一定要做好安全防护，例如防蚊虫、防晒，准备适宜的衣服等。另外，此类活动是全程参与型活动，一定要爸爸和孩子共同参与，做好活动的相关知识储备。例如爸爸带孩子去爬山露营，就要提前学习如何搭帐篷、如何固定防风绳。

如果要带孩子进行户外钓鱼烧烤活动，就要提前学习如何垂钓、如何生火等。可能有的活动是爸爸也不曾体验过的，一定要和孩子一起听从教练的指挥，跟着孩子一起来探索新的领域。

这类相对大型的活动，能够培养孩子的探索精神，帮助孩子建立起对世界的好奇心，也能够培养孩子坚韧不拔的意志力，学习如何解决问题等。

另外，所需准备物品也为各位爸爸列好了清单，见表 3.2，仅供爸爸们参考。

表 3.2　活动所需物品清单

活动类型	所需物品	其他
户外活动	衣物：防晒衣、登山鞋 / 涉水防滑鞋、帽子、保暖衣服 / 清凉防中暑的衣服、泳衣、汗巾、备用换洗衣服； 物品：防晒霜、驱蚊水、登山杖、运动相机、帐篷、防水袋、创可贴、碘伏棉签、应急药品、晕车药、墨镜； 食品：饮用水、保温杯、牛奶、食物	1. 根据不同的季节准备对应的衣物及换洗衣物； 2. 根据所去目的地和活动的差异准备对应的物品； 3. 一定要带足应急药品和食物

续表

活动类型	所需物品	其他
室内活动	衣物：应季衣服、泳衣、毛巾、汗巾、运动鞋、防滑袜； 食品：饮用水、零食及其他食物	1.室内活动大多在商场里，所需物品较少； 2.根据季节准备对应的衣物，商场内温度较高，准备适宜的运动装； 3.及时给孩子补充水分和能量

03　爸爸陪你一起不放弃

情景：

皮皮的幼儿园最近在教他们学习 5 以内数的拆解，但是这对于 4 岁的皮皮来说仍然有一些难度，他不太确定 5 到底应该怎样进行拆分。在他的眼里，5 里面既有 1，又有 2，还有 3、4、5。真是一个神奇的数字，5 的身体里有 5 个数字，那随便拿哪个出来不都是 5 的一部分吗？他真的理解不了，但是又很羡慕别的小朋友能够快速找到拆解 5 这样的游戏中的正确答案。在皮皮的幼儿园里面，回答问题又好又快的小朋友会得到老师奖励的小贴纸，皮皮攒啊攒，小贴纸也没多少，这让他不高兴。

这天，皮皮从幼儿园回来跟爸爸一起搭积木比赛，看谁搭的高，可是皮皮搭的积木总是倒下来，看着一块块倒下的积木，他猛然把自己和爸爸的积木塔推倒，然后很大声地说：“我再也不玩这个破积木了！根本搭不好！破积木！”

“你怎么说话呢，皮皮？”皮皮爸爸的音调也提高了。这下好了，皮皮哇哇哭着去找妈妈，"妈妈，我什么都做不好，我也搭不好积木，我也学不会5的拆解，我想放弃了。"

"给妈妈说说怎么了，今天和爸爸搭积木一直都搭不好是不是？那妈妈和你一队，我们再和爸爸比比看怎么样？"皮皮妈妈一边说着一边给皮皮爸爸偷偷使了个眼色。皮皮爸爸很快会意了，这是要让着点他们，帮助皮皮重新树立信心。

"我们觉得呢，这个比赛谁的高有一点不公平，因为皮皮是小朋友，你是大人。我们现在来比谁搭上去的积木数量更多，只不过你要用窄的那一边，我和皮皮用宽的那一边。"皮皮妈妈假装和皮皮爸爸商量新的规则。"行行行，看看咱们谁搭得高吧。"

显而易见，窄的积木的接触面和受力点都很小，这让皮皮爸爸搭的整体数量非常受限。而妈妈和皮皮依靠积木的长边，往上累了不少积木。只听轰隆一声皮皮爸爸的积木塔倒了，皮皮一脸得意地看着爸爸："这下你认输吗？""我才不认输，我再试试。"皮皮爸爸可一点没有要认输的态度。

一轮又一轮的游戏下来，皮皮观察到了爸爸搭积木的方式也发生了一些变化，一开始直立着往上搭只能搭4块积木，后来爸爸尝试将几块积木拼在一起，增加了第一层的接触面以后再继续往上搭，这样的积木数量能够更多一些。虽然总是倒下来，但是爸爸一直没有说过放弃的话。

"爸爸我都累了，你怎么还不认输？"皮皮可真是纳闷啊，换成自己早就不干了，"爸爸你不愤怒吗？积木一直倒。"皮皮爸爸有点惊异于皮皮掌握的新词汇"愤怒"，有一些感慨儿子能够感知到了他的情绪。他一边继续搭一边问皮皮："我发现你观察我很久了，那你说说你都看到了什么?""我看到虽然你的总数没有我和妈妈搭得多，但是呢你在进步，还有搭的层数也变高了。"

"那你知道爸爸为什么不投降吗?""不知道,因为你想赢?""不是的,因为我不想轻易放弃,再多尝试一些新的方法。我不想赢你,但是我想挑战我自己。如果我很快就放弃了呢,晚上我躺在床上可能都还在想,如果当时尝试一下另一种办法说不定就更高了呢。你说是不是?"

皮皮好像懂了，又好像没有懂。"那爸爸,我刚才说我不玩了,是不是叫作放弃? 这样是不好的孩子才会做的吗?"伴随着"哗啦"一声响，皮皮爸爸的积木又一次倒塌了，"也不是,如果一直尝试都做不好的话，爸爸也会觉得很沮丧，就想放弃。但重要的是在这个过程里我们有没有竭尽全力。如果尽力了，所有办法都尝试了还是不行，爸爸觉得放弃也是可以的，起码这样自己不会后悔。但是如果还没用尽所有办法，都还没有尽力，爸爸会想邀请你和爸爸一起试试看'再尝试一次'这个秘诀。"

"'再尝试一次'是什么秘诀呢?"皮皮还挺好奇的。

"就是你真的很想放弃的时候，就在心里告诉自己，快动脑筋想想自己还有没有新的办法，自己还能不能再坚持尝试一次。你就对自己说'再试最后一次',直到你真的找不到任何办法了。"

"那然后呢? 然后就放弃了吗?"皮皮多少有一点不甘心，"再试最后一次，要有多少次，真的不行了就放弃了?"

"那当然不是，你年纪还小，如果这件事自己暂时还做不到，那就放一放。你可以请爸爸帮你放进待完成的清单里，等你再长大一些再试试看，可能结果就不一样了。"皮皮爸爸的解释倒是很耐心。

"就像你的 5 的分解一样,如果这段时间真的搞不明白也没关系,因为你在你们班是年龄比较小的小朋友。等你再长大一个月,我们再一起试试看,你觉得可以吗? 咱们的对手就是自己,要勇于挑战自己哦!"皮皮妈妈端着洗好的桃子走过来,"加油皮皮,下个月我们再来挑战一次 5 的分解吧!"

"才不用等下个月,下周我就长大了。"皮皮抓过桃子蹦蹦跳跳地跑开了。

🎯 莫老师小贴士

对于儿童而言,由于每个小朋友身体发育的个体差异性和个人发展的不平衡性,总有学得快的和学得慢的地方。因此,在他们长大的过程中,免不了遇到大大小小的各种挫折。如果当孩子遇到挫折嗷嗷大哭的时候,家长为了安抚孩子就说:"我们不学了啊不学了,宝宝不哭了。"那么很容易养成孩子遇到困难就放弃的坏习惯。

如果孩子在家中遇到了想放弃的情况,爸爸妈妈切记不要批评孩子或是放任孩子放弃。大家可以学习皮皮爸爸,在游戏中以身作则告诉孩子,不要轻易放弃。此时此刻爸爸妈妈的教育观念一定要统一,如果皮皮爸爸苦口婆心地给皮皮讲解完不放弃是什么意思,皮皮妈妈端着水果走过来说:"别听你爸说那么多,妈妈觉得做不出来就算了,搭不上去就算了呗,较这个劲干什么?"那么皮皮接收到的信息就会变得非常矛盾。到底应该听谁的呢? 学龄前的儿童尚未形成自己的认知和判断能力，通常都是父母说了什么，他们就相信什么，所以保持教育观念的一致性这一点非常重要。

可能会有家长纳闷为什么不能让孩子放弃，在上一节中讲过能够认识到自己的不足之处，能够学会放弃这都是勇敢的表现，这不是就矛盾了吗？其实不尽然，在本节的观点中，我们倡导的是让孩子学会坚持去尝试不同的解决办法，能够学会做事情尽力而为这样的态度。倘若真的无论如何都走不通，坚持下去也没有任何意义，这个时候能够放弃也算是一种勇气。但是在尝试不同方式的过程中，孩子也会得到比最终的结果更为宝贵的经验。

很多家长会担心孩子读小学以后成绩不好，担心他们的学习习惯不够好，其实这些都是孩子在学龄前阶段养成的学习习惯和性格品质的体现。如果一个孩子能够在学龄前阶段就养成遇到困难先别急着放弃，多尝试不同的办法去解决问题这样的好习惯，那么日后在孩子遇到学习中的困境时，他们也会尝试不同的方法去克服这个困难。

能够尝试不同的方式去解决困难，就是最宝贵的人生经验。

04 让爸爸教你什么是责任心

情景：

在最近的幼儿园中，悄然流行着一种新的游戏，叫作养小鸡。起因是幼儿园门口最近来了不少摆摊的大爷，一窝毛茸茸的小鸡崽被染成了红色蓝色绿色，乍一看这一盆小鸡还真是五彩斑斓的。价格公道，10元钱3只，征服了幼儿园小朋友们的心。所以不少孩子都在放学后央求爸爸妈妈或爷爷奶奶，给自己买3只或是6只小鸡。但是没多久，这些小鸡就全部夭折了，他们便又会去门口大爷那里再买3只。

养小鸡的热乎劲刚过去没两个月，这冬天的厚外套还没脱下来，幼儿园又开始流行养蚕了。每个孩子手上都捧着一个鞋盒，里面一大把绿油油的桑叶，好几条肥硕的蚕趴在上面吃桑叶，一点也不受外界环境的影响。它们每天吃饱了就睡，睡醒了继续吃，一副岁月静好的样子。

但是这样的流行风让皮皮妈妈有一些担心，因为不论是小鸡还是蚕,这都是一条生命。之前皮皮养死了不少小鸡,问他难过吗,皮皮假装抹一把眼泪,"我好难过,妈妈再给我买几只吧,求求你了。""那你答应妈妈,能不能每天记得给小鸡喂食物,然后和爸爸一起学习怎么把小鸡养好?""我答应你,妈妈。"

只不过这样的口头承诺全部都是空头支票,皮皮没有兑现过,或者说,兑现过一两次就全部抛在了脑后。"这样可不得了,责任意识太差了,怎么买回来说不管就不管的呢?你们家孩子买的小动物情况如何?"皮皮妈妈在幼儿园的班级群里问了问其他妈妈。这下也算是找到了组织,其他的妈妈们也表示孩子就当小鸡啊、蚕啊都是玩具,开心了去逗一逗、玩一玩,死了就重新买,这种风气确实应当整治整治。

皮皮的幼儿园老师叫星星老师。星星老师建议借此机会开展一次关于责任心和生命来之不易的亲子活动,让爸爸们和孩子们一人领取一颗鸡蛋,然后周末就在家孵蛋,要求蛋必须和人24小时待在一起,看看谁的蛋可以孵出小鸡。孩子们之前见多了毛茸茸的小鸡,可是谁都没孵过,这倒是一个新鲜的游戏。

这个周末,皮皮和爸爸一人拿了一根绷带把鸡蛋绑在自己的肚子上。皮皮说:"这样一点也不舒服,我就躺着好了,让蛋吸收我肚皮的温度。"皮皮躺在那里只不过15分钟,就嚷嚷着一动不能动,太累了。"皮皮,豆豆爸爸说豆豆今天可一直和蛋在床上待着,他怕把蛋弄碎了,都不敢动。"皮皮爸爸的话一下子刺激到了皮皮,"那又怎么样,我肯定可以孵出小鸡,比豆豆更厉害。"

一个周末的时间,怎么可能孵得出小鸡呢?所以周一的课上,小朋友们都愁眉苦脸的,不是蛋被意外弄碎了,就是根本没见到小鸡的影子。星星老师给孩子们讲了一个故事：小鸡的星球上有很多很多小鸡，准备好了从蛋里出来跟小朋友们做好朋友，但是小鸡们看到小朋友们并没有真正爱小鸡，他们只是在开心的时候摸摸小鸡，甚至有的小朋友很粗暴地扔小鸡玩。所以，小鸡们就不愿意从它们的星球下来和小朋友们见面了。只有能够真正照顾小鸡，愿意爱小鸡的小朋友的鸡蛋，才会孵出小鸡。

皮皮爸爸问他："你想不想孵出自己的小鸡？"皮皮说："真的想。""那你能不能说到做到，学会承担照顾小鸡的责任？""能，爸爸，我保证。"后来，皮皮爸爸真的弄来了一个孵化箱和一盒芦丁鸡的鸡蛋。按照教程里的说明，他带着皮皮一步一步完成了孵蛋的所有步骤。皮皮都很虔诚地翻过面去照每一颗蛋。终于在第22天，孵化箱里的芦丁鸡蛋被小鸡崽啄破了壳，小鸡孵出来啦！

"皮皮，你承诺和爸爸一起孵化小鸡的任务完成了！你真的非常棒，心情是不是很开心？你知道吗，咱们俩孵小鸡就和当时妈妈怀着你一样，小鸡破壳和你出生都是很不简单的事。我们把你从小婴儿养到现在这么大，每天要做的事情都是养育你所必须承担的责任。你把小鸡孵出来了，你也要承担起照顾小鸡的责任，爸爸陪你一起，你愿意作出你的承诺吗？"皮皮爸爸看着皮皮，表情很坚定，"如果你不养小鸡了，你放弃它们了，它们可能就没有办法继续活下去。你想想看，如果爸爸妈妈不给你做饭了、不管你了，你怎么能继续长大呢，是不是？""爸爸，我一定做到好好照顾它们。"皮皮点点头答应了。这一瞬间皮皮爸爸和皮皮妈妈不知道皮皮是不是真的明白了，但确实跟以前有些不一样了。

莫老师小贴士

在以往的研究中，教育工作者们进行了以下的尝试来建立儿童的责任心：在班级中设置值日生进行一日值日生活动；在户外游戏、角色游戏中设计对应的环节提升儿童的责任意识；通过绘本阅读帮助儿童了解责任心是什么等。责任心，这并不是人类与生俱来的品质，一个人的责任心要靠后天的学习来获得。学龄前儿童能够养成责任心的方式非常多，如良好的亲子关系、有效的家庭规则、以身作则、亲子活动等。莫老师认为最好的方式仍然是父母的言传身教。如果爸爸妈妈能够履行好父母的责任与义务，能够在孩子面前做好子女的表率，能够兑现自己给孩子的每一个承诺，这些无疑都是深刻影响着孩子言行举止的时刻。

在家庭中，如果爸爸妈妈想培养孩子的责任心，除了以身作则之外，可以让孩子参与家务事及家庭决议，一方面培养了孩子的家庭责任感，如自己的事情自己做、分担一些力所能及的家务事等；另一方面，当孩子参与家庭决策时，可以帮助孩子学习承担决定所带来的后果。例如，在本章第二节中，皮皮一家共同制作了一个转盘，让皮皮通过转转盘来决定他将要和爸爸去的冒险场所，或许路上会经历堵车、这个场所并没有介绍的那样有趣、露营被蚊子咬了很多包等。这些令人烦恼的时刻与开心的时刻一样，都是每个人做了决定以后所要承担的后果与责任。

让孩子从小学习承担后果，可以减轻他们对待生活的抱怨，因为是自己的决定所以没什么好埋怨的。也能够帮助孩子日后在做决定时，学会考虑清楚，学会规避风险等。这些都是简单的"做决定"能够给孩子带来的益处。

　　有的家长可能会质疑：让他们自己承担后果真的能帮助他们学会承担责任吗？相信各位爸爸妈妈都在网上刷到过，小朋友在太阳暴晒的日子不肯穿鞋，爸爸就带他出门了，后来被地面烫得直跺脚，以后说什么都要穿好鞋再出门了这个视频。这就是孩子承担了自己的想法的后果，必须学会对自己的行为负责。

　　成年人总是试图帮儿童做决定，替他们承担后果，那么孩子很难在这些事情里获得直接经验。而这些或好或坏的直接经验正是培养他们责任心的养料。所以，试着让孩子参与到家庭事务中来，要相信3岁以上的小朋友有足够能力去分担家里的一些事情，也有足够的勇气去面对自己的决定带来的后果。

05　游戏中的输赢

情景：

尽管皮皮最近已经不再把"讨厌，我不玩了！""真烦人，我不喜欢你了，我再也不和你玩了！"这样的话挂在嘴边，也没有再出现过把玩具或是小鸡推倒在地的举动，但是仍然面临一些新的困难。那就是他对于"赢"有"执念"，不管怎么劝他，他总是告诉爸爸妈妈："我再试一次！"

今天上学因为皮皮和豆豆比赛跑步输了，已经闷闷不乐一天了，可做完正事后却让爸爸教他如何跑步。虽然不轻易放弃这是良好的品质，但是总是想"赢"让皮皮只在乎游戏的结果，让皮皮爸妈感受到了新一轮的压力。

莫老师问他们是不是为了让他停下来，爸爸就假装输给皮皮？皮皮妈妈是有点不好意思地说："没办法啊，他不赢就不吃饭不睡觉，谁劝都不管用。他还会用他爸说的话来噎我们，'我爸说了，想放弃的时候就要再对自己说再尝试最后一次，我还可以再继续好几次,你们为什么要让我放弃?'说得头头是道的,属实没辙了。"

"那从今天开始,让皮皮爸爸展现出真正的实力吧!"莫老师握着皮皮妈妈的手,非常真诚地劝皮皮妈妈。

🎯 莫老师小贴士

很多时候,家长会刻意输给孩子,认为这样可以培养孩子的自信心。"你看你比爸爸跑得都快,你是全家跑得最快的人,你真厉害啊!"这样的话语是不是非常熟悉?但是随着孩子年龄的增长,他 / 她对于自己的认识就停留在了爸爸妈妈编织的假象之中。曾经有的大班孩子,整个班的男孩子都坚信自己可以徒手打败坏人,问其理由无非是"我妈妈说我是大力士""我们家没有任何人掰手腕比我厉害""我比我爸能拿的东西都多"。孩子自信满满的神情看起来是真的,然而真的让他们模拟对抗坏人的时候,十个男孩子都无法把一个坏人推倒。当他们发现自己的力量在顷刻间消失的时候,他们不知道为什么会这样,为什么和家里不一样。

这也就告诉家长们一个非常重要的信息:儿童需要建立起关于自己的客观认知。他们需要知道自己的擅长与不擅长之处,需要知道自己究竟是一个什么样的小朋友。而所有的比较都是基于同年龄段的儿童或是相较于自己之前所得到的结论,而不是和成年人进行比较后得到的结论。如果找错了比较的对象,儿童就容易陷入自我否定,或是过度自信之中。

如果成年人在任何游戏中都紧逼着孩子不放,孩子屡战屡败,会让他们感受到无比强烈的挫败感。儿童与成人之间的力量、经验、能力悬殊是没有办法让他们客观取胜的。但如果屡战屡胜，儿童就会对"赢"有着特别的"执念"：不管是和成年人，还是和同龄的小朋友，一旦涉及竞争他/她都必须赢。因为在他们的心理预期之中，已经没有办法接受自己不如别人这样的事实。久而久之，孩子对于结果会越来越看重，他们不再能够感受到学习的乐趣，而是钻进分数里面。如果长时间达不到孩子心中对自己的要求，那么他们的自我成就感会迅速下降。一旦放弃就不是一时的事了，他们会觉得自己本来就不行，不想再挑战了。

"我都比我爸跑得快，我怎么可能比豆豆跑得慢呢?"皮皮会感到纳闷、委屈、不甘心。于是，皮皮又向豆豆发起多次挑战却仍然输给了豆豆。豆豆的身高比他高了10厘米，年龄还大皮皮半岁。皮皮在不停地找自己跑步过程中的"差错"。为什么同样的方式赢了爸爸却赢不了比爸爸小那么多的豆豆?

明白了吧，这就是为什么不能总是让孩子赢你们的原因。

情景：

"皮皮，晚上吃了饭你要不要和爸爸再去楼下比一下谁跑得快?看看你练习的跑步有没有起作用。"皮皮妈妈假装不经意提出了建议，"在家里又跑不开，要不下楼去跑道上练练?"正中下怀，皮皮立刻换好衣服和鞋子。

"3、2、1，跑!"皮皮和爸爸几乎同时冲了出去，当然爸爸要慢一些。

爸爸一开始仍然让着皮皮，到了终点前爸爸却猛跑了几步轻松超过了距离终点一步之遥的皮皮。皮皮的表情精彩极了，不敢相信，不可能，这不是真的! "我们再比一次。"皮皮嚷嚷着，"前面你都没有我跑得快，一定是我分心了你才超过我。"

第二轮的比试，皮皮爸爸的速度是从一开始就超过了皮皮，匀速比皮皮先到。第三轮的比试中，皮皮爸爸的速度大概是皮皮的两倍。在皮皮的央求下增加了比赛的距离，这下好了，还没开始就结束了。

皮皮感到了震惊与懊恼，终于开始发脾气。"皮皮，爸爸想告诉你一件事，其实之前爸爸妈妈都是让着你的，因为想让你赢，你就会开心了。"皮皮爸爸还是说出了事实，"你看，爸爸妈妈是大人，你还是 4 岁的小朋友。我想等你到了爸爸这个年纪，你的力气肯定比爸爸现在还要大，你的速度肯定会比爸爸现在的速度快。只是因为我们长大了是大人，你还是小朋友，所以你跑不过我们是正常的。对不起啊皮皮，爸爸妈妈一直都是让着你的。"

皮皮的震惊让他忘记了流眼泪："可是我就是不行啊，我跑不过你，我也跑不过豆豆，豆豆也是小朋友。"皮皮妈妈把皮皮抱在怀里："皮皮啊，豆豆比你高，年纪也比你大对不对。更何况每个小朋友都有自己擅长的地方，你走平衡木就比豆豆快。妈妈想说的是，你有想赢的想法是好的，但是你和豆豆一起玩应该感受到开心才是，最近你总是因为输了不开心。爸爸妈妈不想看到你因为输赢就把豆豆当成对手，你们是好朋友，你说对不对？"虽然皮皮没有完全理解，但还是点了点头。在不计较输赢这条路上，皮皮还有很长的路要走。

🎯 莫老师小贴士

让父母尽可能还原孩子自身情况的真实面貌，并不是要让孩子感觉自己什么都不行、什么都不如爸爸妈妈，而是要给孩子解释清楚小朋友比不上爸爸妈妈只是因为还没有长大。这是很短暂的一件事。与此同时还要告诉孩子，输赢虽然重要，但是玩耍或是比试中的快乐比最终的结果更为重要。

如果只是在某一次活动中，突然就松开了保护孩子的手，孩子一定会感到非常失落。在孩子好胜心滋生的过程中，父母保护他的手一定要慢慢松开，每松开一点都要给孩子讲明白为什么以及父母不论输赢永远站在他这边、永远爱他。

当然，如果孩子在与同龄孩子进行竞赛游戏的过程中输了，除了上文中提到的教孩子发现过程的快乐以外，还要教孩子来找经验，鼓励孩子进行适度尝试。当孩子出现了皮皮那样一遍又一遍停不下来的时候，家长可以告诉孩子：此刻你的身体和大脑已经使用透支了，所以没有办法达到更好的效果，希望你在充分休息以后再进行尝试。也可以告诉孩子，进步不会发生在一夜之间，要有更多的毅力和耐心，要给自己成长的时间。

有一个很好的方式就是，爸爸可以拿出一根皮筋来，将皮筋的一端固定在一个地方，然后和孩子一起用力去拽这根皮筋，皮筋可以被扯得很长，这就说明人的潜力是可以进行挖掘的。但是当皮筋达到了极限，就会崩断，这说明如果人一直不休息的话，身体也会和皮筋一样吃不消。所以，希望孩子能够学会慢慢来，给自己的身体和大脑进行缓冲的时间和机会。希望看到这里的父母和孩子都能够学会：慢慢来会比较快。

06　也玩爸爸喜欢的游戏吧

情景：

皮皮爸爸和皮皮在亲子游戏的环节遇到了一些小困难，核心矛盾是玩什么游戏都必须听皮皮的，当爸爸提出其他提议后，皮皮若不接受就会生气不玩了。这让皮皮爸爸心里多少有一些恼火，他不知道孩子为什么会这么"霸道"。

皮皮爸爸向星星老师了解幼儿园的情况，得知皮皮在幼儿园里并没有类似的情况出现。他很谦让其他小朋友，也很合群。就是有时候会因为和小朋友的观点不太一样，试图去说服别人，但是无法说服的时候皮皮也就作罢了。

"真是奇怪啊，皮皮怎么就欺负我呢？"皮皮爸爸心里直嘀咕。他头一次主动向皮皮妈妈提出请求："要不你问问莫老师怎么办吧，皮皮要把我折磨疯了。只要我说一个不字他就发脾气。今天也是，他想玩积木，我说咱们搭了八百回了，要不玩车吧，他就生气了，转身就走。"

　　皮皮妈妈心里是开心的，皮皮爸爸学会向别人求助了，这一点是非常大的进步。只不过皮皮妈妈也没能想明白，皮皮怎么突然之间就变得"霸道"了。

🎯 莫老师小贴士

　　对于幼儿而言，当他们的自我意识逐渐发展以后，就会产生自己的想法。刚学会说话的婴幼儿表达自主想法的方式是，"我就不""不好""不要"等一系列说反话的语言和行为。等到他们的年龄渐长，家长们会发现孩子逐渐能够清晰表达自己的愿望和想要做的事情。所以皮皮有自己想要玩的游戏，有自己想要做的事，有了自己的想法和期待，是非常正常的事情。

　　那么为什么皮皮会在家看起来很"霸道"呢？这就要说到家庭的教育方式。一个家庭中很多是4+2+1/2的模式，即四个老人、一对父母、一个或两个子女。在家中，为了能够全心抚养孩子，六个成年人对儿童展现出了"言听计从"的模式。"宝贝你想下楼玩啊，奶奶陪你去。""宝贝不吃饭啊，不哭了、不哭了，爷爷说了算，咱们不吃了。""闺女想玩什么？爸爸都陪你玩。"这样的对话在家庭中时有发生。

　　这就意味着在孩子的有限经验中，他们认为这是正常的，就算是多胎家庭，儿童的地位也会高于成年人。他们知道自己的请求不会被拒绝，也知道哭闹会加速达成自己的愿望，所以一些家庭中的儿童会呈现出一种看起来"霸道"的特征。但是家长们又观察到，这样的孩子去了幼儿园以后，好像变成了"小白兔"。有的家长就很纳闷，为什么自己家的孩子，离开家就"怂"了。

　　原因仍然和孩子的直接经验相关，当他们在幼儿园试图沿用家庭中的模式时，小朋友们并不会像爸爸妈妈那样顺着他们，老师也会干预说小朋友不可以这么做。那么孩子想要达到目的就被幼儿园的现实情况所打破了，"霸道"模式在幼儿园就失灵了。此刻时刻，如果孩子持续不懂如何去合理表达自己的愿望，不懂得如何去和他人进行协商，只是一味要么让对方服从、要么自己忍让，这样的方式对于良好性格的发展无法起到积极的帮助。这也是孩子回家以后会选择继续的原因，他们需要被关注，需要得到认可，需要满足自己的游戏需求。

　　所以当家里的孩子出现类似特征的时候，先不要急着责罚孩子"不懂事"或者是"太自私"。他们只是不知道应该怎么做。这就需要爸爸妈妈及时教育孩子，应当如何去合理表达自己的需求，如何学会尊重他人的喜好。

情景：

　　皮皮爸爸跟着莫老师学了一招厉害的，准备今天晚上在皮皮身上试试。"皮皮，今天周五了，你要不要和爸爸出去打球？"莫老师说了，这叫作"先发制人"，率先一步提出自己的需求。"我才不去呢，我就想下棋。"皮皮果不其然没有同意，甚至翻了一个白眼。

　　"那好吧，我只能约妈妈一起打球了。皮皮妈妈，你和我打球好不好？"这一招叫作"选取目标"，当着皮皮的面找到了和自己打球的对象。他的拒绝对聪明绝顶的皮皮爸爸来说丝毫没有影响。"那我怎么办？我也要妈妈陪我。"皮皮开始抢家里唯一的玩伴了，皮皮爸爸会选择让步吗？

　　皮皮率先跑到妈妈跟前开始撒娇，"妈妈，爸爸叫我下去打球，我不想下去嘛，我只想下棋。你是全世界最好的妈妈，你陪我下棋好不好？""我先问的你要不要陪我去打球。"皮皮爸爸冲着皮皮妈妈疯狂眨眼。"谁先约的我就先答应谁哦！皮皮，我和爸爸下楼打球啦，周五了也该活动活动身体了！"皮皮妈妈一边说着，一边走向了门厅准备换鞋，"还愣着干什么，爸爸，快点带着羽毛球拍下楼。"

　　"那我怎么办啊？你们谁都不陪我，我还是小朋友，我不可以自己在家！"皮皮有一些着急了。"可是我只想打羽毛球，你自己在家害怕的话就跟我们下来，看我和妈妈打吧。"皮皮爸爸这一招叫作"以其人之道，还治其人之身"，平时皮皮就是这样拒绝的。

　　就这样，皮皮气鼓鼓地跟着爸爸妈妈下了楼，还不停念叨着："我才不是因为自己在家害怕，我是因为要监督你们两个好好打球。"皮皮心里想着，打完了球，总该有一个人陪自己下棋了。谁知道回家以后，妈妈提议一起看一部电影，爸爸欣然接受，全然不给下棋半点机会。这下，皮皮是真的生气了，气冲冲地回了自己房间。太奇怪了，没有一个人进去哄他。

　　皮皮气得快要睡着了，恍惚之中感觉有人在跟他说话："皮皮，你还没有洗澡呢，洗了再睡。"看到妈妈坐在床边，皮皮委屈极了，"你们是不是打算生弟弟不要我了，你们都不愿意陪我玩了。"皮皮爸爸这时凑了过来，"爸爸妈妈谁都不陪你玩，你的心情是不是很糟糕？可是之前的每一天，爸爸妈妈都在陪你玩你想玩的所有游戏，你从来没有问过我们想玩什么。我和妈妈也会觉得委屈、心烦，我们也有自己想玩的游戏呀。所以，我们决定今天玩自己的，我和妈妈也很久没有娱乐了。"

"对呀，你平时总说这不公平那不公平，一直都是玩你想玩的，妈妈也觉得对爸爸很不公平。你觉得呢？"妈妈毫不犹豫地站在了爸爸这边。"如果你还想让爸爸妈妈陪你一起玩的话，你觉得应该怎么做才行呢？"皮皮爸爸给了皮皮第一个台阶。"要公平？你陪我一次，我陪你玩一次你喜欢的。这样可以吗，爸爸？"

"这个回答对也不对，我们一家人在一起玩，并不都是为了公平，而是希望通过今天的事情告诉你，也要尊重爸爸妈妈、爷爷奶奶的爱好。我们也有自己想玩的游戏，也有自己喜欢吃的零食。虽然你年纪小，但是也希望你能学会尊重自己的家人。"爸爸又给了皮皮一个台阶，"你说说看，你觉得什么叫作尊重呢？""我觉得应该是，家里不能只听我的，也要听你们的。"皮皮的回答倒是正确的。"皮皮，这叫作互相谦让，爸爸妈妈希望你能够成为一个懂得尊重别人，也能懂得互相谦让的孩子。"皮皮妈妈摸了摸他的头，"好了，起来，爸爸带你洗澡了。"

"爸爸，今天你给我洗完澡后，需要我陪你洗吗？"看着皮皮很真诚的神情，皮皮爸爸和皮皮妈妈笑成一团，一家人又恢复了往日的亲密。

◉ 莫老师小贴士

　　皮皮一家用到的方式，其实和上一节中所说的要让孩子自己去体验后果的方法很相似。当我们用孩子对待大人的方式去对待孩子时，孩子作为当事人才能够直观感受到自己的情绪变化，才能够学着去理解每次自己这样做的时候，爸爸妈妈的心情是如何变糟的。这也是让孩子学会共情的初步方式，让孩子去经历爸爸妈妈的经历。

那么有的事情可能无法让年龄更小的孩子去亲身体验，比如孩子打了妈妈。那我们可以参考心理情景剧的方式，用孩子身边的小玩偶进行情景重现。让孩子作为一个旁观者，重新审视当下发生了一件什么事。例如，小兔子和小狗玩偶玩得正开心，突然小兔子因为想开玩笑，一拳打到了小狗肚子上。这里就是进行情景再现，重现了孩子打人这个行为。紧接着需要爸爸妈妈问问旁观的孩子：你看到森林里发生了一件什么事呢？目的是让孩子能够客观描述他/她看到了什么。

当孩子作为当事人的时候，往往只能看到自己做了什么，自己有什么样的情绪和感受，并不能够看到对方在做什么，对方会产生什么样的情绪和感受，所以需要孩子进行复述，以确定孩子看清楚了事情的全貌。

紧接着，爸爸妈妈需要引导孩子站在另一个当事人（被打的妈妈、被打的小狗）的角度，想象一下小狗会说什么，让孩子来继续编这个故事的对话。孩子可能会说："小狗说，小兔子，我不是你的好朋友吗？你为什么要打我的肚子！"然后再让孩子重新站在自己这个角色（打人者、打人的小兔子）的角度，继续编小兔子会说什么。以下模拟的是儿童所编的对话：

小兔子："我不是故意的！我只是想跟你开玩笑！（这也是

孩子对于自己打人这件事的解释，他不是有意的，他只是想开玩笑。)"

小狗："可是你把我打疼了，我不想跟你做好朋友了!"

小兔子："可是我还是想和你做好朋友。"

小狗："那你答应我，不可以开玩笑用力打人，这不是一个好的玩笑，很疼、不好笑。"

小兔子："好的小狗，我答应你。"

然后，爸爸妈妈再给故事一个结尾：就这样，小兔子和小狗又重新当回了小伙伴。这个时候我们还有没有必要去责骂孩子打妈妈这件事呢？就没有必要了。但是需要补充说明一下，"妈妈也想继续和你当好朋友，你不要再打妈妈，很疼。"从故事回归到当天发生的事件中来即可。这样的方式是不是显得更温和一些呢？

第四章 和爸爸一起做健康运动

01　在家也能锻炼四肢肌肉

情景：

　　幼儿园快要进行亲子运动会了，星星老师特别交代一定要让爸爸过来参加！还在家长群发了消息，提醒爸爸们一个月后记得准时参加。这是皮皮第一次参加亲子运动会，他十分好奇运动会是什么，爸爸给他解释说就像平时他和豆豆比赛一样，会有很多不同种类的比赛，而且是爸爸和小朋友一起参加。皮皮自从上次输给豆豆以后，已经很久没有和豆豆比赛过跑步了，真想赢他啊。

　　"爸爸，你说运动会上咱俩有可能赢豆豆跟他爸吗？上次你和妈妈说因为我比豆豆矮，所以输给他正常，我观察了一下豆豆爸爸还没你高呢，是不是他爸爸也跑不赢你？咱俩加一起能不能赢了豆豆家呢？""这速度也不完全和身高有关啊，比如说你四肢的肌肉是不是强壮、四肢协调性好坏都会影响你的跑步速度。"看着皮皮跃跃欲试的样子，皮皮爸爸很担心皮皮再一次陷入困扰，试图告诉他输赢的影响因素是多样的。

晚上睡前，皮皮妈妈听说了这件事后，想到了莫老师之前给她说的可以多让皮皮爸爸带着皮皮做运动，既能锻炼孩子的运动技能，又可以让皮皮爸爸锻炼一下逐渐中年发福的身材。"要不你带他练练嘛，他细胳膊细腿的，正好加强一下锻炼、提升身体素质，总在家搭积木也没什么意思。"皮皮妈妈的这个建议被皮皮爸爸听进去了，"我正有此意啊！你看男孩子嘛，身体素质是要加强一些的，我之前看他跑步别别扭扭的，姿势就不对。"皮皮爸爸还说个没完了。"好了好了，睡觉了，明天你带他下楼运动吧。"

第二天到了约定好的夜间运动时间，谁能想到这大雨说下就下，来得又急又猛，这可怎么办啊！

◎ 莫老师小贴士

儿童发展的五大领域分别是健康、艺术、语言、社会、科学。

本章涉及的内容是健康这个领域中的动作发展，分为粗大动作和精细动作两类。

粗大动作指的是受到大肌肉群控制的动作类型，包括走、跑、跳、爬、跨、踢、扔、接等。

精细动作则是受到小肌肉群控制的动作类型，包括捏、抓、握、扭、推、弹等。

有的家长可能会局限于田径、球类、游泳等这样的运动大类，不仅受到场地限制，还受到环境影响。所以孩子们的运动时间难以达标，更别说再增加一些强化练习了。

谁说在家里不能运动呢，并不需要家里有很大的面积才可以开展锻炼孩子肌肉力量的运动。

给爸爸妈妈们列举一些可以在家进行的粗大动作运动（游戏），见表4.1。

表4.1 粗大动作运动（游戏）清单

游戏名称	基本规则	备注
高抬腿比赛	幼儿与家长站在瑜伽垫上，两只手放在胸前，通过抬高自己的双腿，使膝盖能够碰到手掌，看谁能够按照不同的左右顺序逐一完成，看谁能够坚持更长时间	妈妈可以准备不同类型左右箭头标识的卡片，宝贝和爸爸进行正确率或者是速度比赛。熟悉规则后也可以用左膝盖碰右手，右膝盖碰左手这样交替进行。也可与孩子玩执行相反指令的游戏，妈妈说右手碰左膝盖，孩子就需要用右膝盖碰左手
穿越火线	将客厅留出一定空间，准备一些玩偶，幼儿和爸爸需要根据妈妈的指令进行双脚跳、单脚跳，越过面前的障碍物	妈妈可以准备一些手印脚印的图案，固定在阳台或客厅的地板上，孩子根据不同的图形指示来完成越过障碍。熟悉后也可以增加一些其他的动作，如一边跳高一边将双手在头顶进行拍掌等
猜猜我是谁	幼儿和爸爸来扮演不同类型的爬行动物或哺乳动物，模仿它们走路的姿势，让妈妈来猜分别扮演的是什么动物	类似于你画我猜，幼儿和爸爸扮演，妈妈来猜。可以锻炼幼儿的模仿能力，也可以锻炼不同类型的爬行能力。为了提升游戏趣味性，还可以增加幼儿模仿动物的声音
袜子躲避球	爸爸和妈妈分别站在客厅两端，使用袜子做的躲避球来互相投掷、扔、踢球，幼儿站在中间要躲避这个球。熟悉游戏规则后换幼儿来进行投掷、扔或是踢球，妈妈或爸爸来进行躲避	在制作躲避球的时候，往袜子最中间放一点重物会更方便投掷。这个重物可以是一个牙签盒或是一小块石头。注意在外面一定要包很多层袜子，直至爸爸妈妈抛接的时候不会感觉到最里层的物品，防止幼儿在玩耍过程中受伤。投掷与扔是两个不同的动作

续表

游戏名称	基本规则	备注
搬运大力士	将家中未拆封的沐浴露、洗发水、快递盒、纸巾等生活用品堆放在一侧，幼儿和爸爸要在规定时间内将这些物品都搬运到客厅的另一侧	幼儿可以和爸爸合作，也可以选择与爸爸竞赛。由于幼儿的肌肉力量有限，可以提供一个小篮子、小盒子或者塑料袋作为辅助工具，让幼儿使用不同的方式进行搬运。游戏熟练以后可以将物品都增加价格标码，看谁在规定时间内拿的物品更值钱
电子运动游戏	如果家庭中有游戏机和大屏电视，可以和幼儿一起使用手柄进行家庭田径运动的比试	有条件的话可以投屏在墙上，控制在半小时以内，以免损伤幼儿的视力。电子大动作游戏的选择面比较广，除了田径类，还有拳击、射箭等可以尝试
家庭平衡杆	在家里的走廊上安装一高一低两个平衡杆，幼儿可以和爸爸一起学习双手抓住平衡杆，双脚离地，来看谁坚持的时间更久	这个游戏可以锻炼幼儿的两个胳膊大肌肉力量，两个平衡杆要相隔一段距离，一开始给幼儿的平衡杆不宜过高，大致是孩子垫脚再高一点的高度就行，慢慢增加一些高度。当高度增加以后，在幼儿脚下垫瑜伽垫，以免幼儿掉落时崴脚

最后要说的是，运动（游戏）必须在科学的指导下，合理且谨慎进行，做好运动（游戏）防护，避免运动（游戏）损伤、伤害，更要与孩子年龄段相适应（后面同理，在此不赘述）。

02　厨房里可以培养的精细动作

情景：

　　这天皮皮有点咳嗽，就没有去幼儿园。到了午饭时间，皮皮妈妈做了皮皮特别爱吃的肉末豌豆。"皮皮，妈妈做的饭好吃还是幼儿园的饭好吃？""当然是妈妈做的了。"皮皮含糊不清地回答着问题，一边用勺子不断往嘴里送豌豆和饭。"皮皮，你一直都是用勺子吃豌豆吗？妈妈发现你真的很喜欢用勺子吃饭。"皮皮妈妈有一点好奇，是所有的孩子在这个阶段都爱用勺子，还是皮皮对勺子特别钟爱。在这个学期，不管是幼儿园，还是在家里，都有意识教皮皮使用筷子，家里也准备了辅助筷。只不过皮皮不怎么用，每次都是把辅助筷放一边，自己用勺子吃。平时他在家吃饭的次数不算多，周末忙忙碌碌的也没注意到这件事。

　　"莫老师，我记得上次你说除了大动作以外，是不是还有个小动作啊？"

　　"对的，也叫精细动作。"

"我总觉得皮皮是不是精细动作发展得不太好。因为我记得豆豆早都不用辅助筷了，能用儿童筷子吃饭。你看皮皮那手，好像不太听使唤呢。"皮皮妈妈想起豆豆，再看看皮皮，确实有点担心。

"好办，给你发个清单，你和皮皮爸已经很熟悉各种各样的清单了。"

◉ 莫老师小贴士

从《3~6岁儿童发展指南》对幼儿精细动作的要求来看，孩子到了4~5岁这个阶段要能够使用筷子。生活中有很多小游戏能够促进幼儿精细动作的发展，如串珠子、打蝴蝶结、扣扣子、拉拉链等，都可以提升他们精细动作的能力。别看这样的游戏都很简单，简单的家务活也能够锻炼不止一种精细动作。对家庭而言，将厨房劳动与精细动作结合也是很好的一种方式。

由于儿童的生长发育具有不平衡性和个体差异性，所以如果别的孩子能做的自己的孩子还不能做，可以不用太着急，这是正常情况。如果医生建议加强某方面的锻炼，见表4.2，加强锻炼就能够慢慢达到平均水平。

表4.2　精细动作游戏

游戏名称	基本规则	备注
夹豆豆	准备一个盘子，盘子中倒上不同类型的豆子，让幼儿使用辅助筷将它们按照不同的分类，夹放到不同的盘子里，幼儿和爸爸可以一起合作完成	这样既可以锻炼幼儿使用筷子夹东西的能力，也可以锻炼幼儿找事物特征进行分类的思维能力。待幼儿熟悉后也可以比赛谁更快，也可以放入更小更圆的豆子让幼儿练习

续表

游戏名称	基本规则	备注
豆豆画	准备不同颜色的豆子，让爸爸和幼儿自己选择不同的豆子进行摆放作画，摆好后如果对方能够猜对得1分，猜不对不得分。几个回合后看谁的分数更高	这个游戏不仅能够帮助幼儿练习捏、摆、放几个精细动作，还能够帮助幼儿进行图画想象。也可以打印一些画，让幼儿和爸爸比赛谁能更快用豆子拼出来
我是小厨师	幼儿和爸爸一起，帮助爸爸进行备菜这项任务。在爸爸的协助下，进行洗菜叶子、用儿童刀切菜、搅拌鸡蛋等	需要准备专门的儿童砧板和儿童刀，不仅能够帮助幼儿锻炼手部肌肉的精细动作，还能够培养儿童的劳动能力
我是清洁小能手	准备适合幼儿的抹布和小水桶，让幼儿和爸爸一起擦拭厨房的台面、水池等	在这个环节，能够帮助幼儿练习拧、擦、刮等动作

03　在球类运动中锻炼手眼协调

情景：

随着运动会的日子越来越近，星星老师也提前透露了一些比赛项目，皮皮和爸爸都干劲十足。爷儿俩没有特别远大的目标，能够在一些项目上超过豆豆和豆豆爸爸就行。最近这一周的天气还不错，皮皮爸爸想带皮皮去练习运动会的项目之一：亲子传球比赛。规则特别简单，无非就是爷儿俩一边跑一边互相传球，爸爸扔给孩子，孩子接住以后再扔给爸爸。在规定的路线上要互相扔和接 20 次。看起来确实一点难度都没有，毕竟在家里玩了好几次躲避球的游戏，皮皮的整体表现还不错。

可是带皮皮下楼去扔小皮球的时候，皮皮好像"手不听使唤"的情况又严重了。不仅接不住球，还总是扔偏，偏到爸爸也接不住。结果就不断重复扔球、捡球、扔球……次数多了，皮皮又开始闹脾气，"我不练了，我学不会，我弄不了这个。"

皮皮爸爸又进行了一轮"坚持教育"以后，皮皮冷静了，整张小脸都扭在了一起，"妈妈之前让我夹豆子练习，你看我现在用筷子虽然可以夹菜了，但是球还接不住。我觉得应该可以接住的，但是这个球就到不了手里。我的眼睛也瞄不准。"

皮皮说完，轮到皮皮爸爸惆怅了，"这又是为啥呢，皮皮的姿势也正确，力气也合适，咋就对不上位置呢？可别到时候不仅接不住球还把球扔到别的爸爸怀里。"

愁眉苦脸的皮皮爸爸牵着同样愁眉苦脸的皮皮上楼回家了。

◎ 莫老师小贴士

皮皮这样的情况，叫作手眼不协调。手眼协调是指幼儿通过自己的眼睛和手之间的配合，来完成一些动作的行为。比如之前提到的夹豆子、串珠子，还有穿针引线等，都是练习手眼协调的行为。当然，在抛球这件事上也需要眼睛和手打好配合，就是俗称的"看准了扔和看准了再接"。

幼儿的眼睛要能够较为准确地判断物体的位置和物体将要到达的位置。比如皮皮之前夹豆子，由于皮皮和豆子都是相对静止的状态，所以完成的情况就会相较于运动的皮皮去接运动的球要好一些。若想提升幼儿运动时的手眼协调能力，就要从静对静慢慢过渡到静对动、动对静，再过渡到动对动。

情景：

在皮皮爸爸接受了莫老师的技术指导以后，他和皮皮进行了这样的一些练习。首先是静对静的练习，皮皮仍然从夹豆豆开始。

其实平心而论，皮皮爸爸觉得皮皮夹豆豆练习得还不错，于是练习从静对动开始。爸爸让皮皮站在一个位置上，由爸爸来抛球让皮皮接球。爸爸抛球的距离由近到远慢慢进行，让皮皮的胳膊逐渐形成接这个动作的肌肉记忆，并且能够在自己静止的时候，从不同的方向、距离都能够接到爸爸抛过来的球。

下一步的动对静练习，他们之间的角色进行了互换。爸爸站着不动，由皮皮由近到远进行不同角度抛球给爸爸的练习。爸爸一边接球帮助皮皮锻炼抛球的手感，一边给皮皮进行示范，告诉他如何接球能够把球接得更稳。

接下来，动对静的练习难度进行了提升。首先是皮皮静止不动，皮皮爸爸一边慢慢跑动一边进行抛球，紧接着换成爸爸不动，皮皮一边跑一边给静止的爸爸抛球。这样的效果都还不错。

最后一步是动对动的练习。父子俩间隔的距离一开始比较近，一边慢慢挪动一边互相抛接球，过渡到稍微快一些的走动并互相抛接球，再过渡到按照老师要求一边跑一边互相抛接球。在这个过程中皮皮仍然会有接不到或者是扔偏的情况，但是相较于之前的状态已经好很多。

◉ **莫老师小贴士**

从练习手眼协调的技巧来说，不论是哪种类型的球类运动，都可以锻炼到幼儿静对静、静对动或是动对动的手眼协调能力。父母在教孩子新的球类运动时不可急于求成，可以将这个运动的动作拆解成多个小动作进行分别练习，再组合起来练习。距离、速度这些客观条件都可以由小到大慢慢进行练习。动和静之间的练习也不一定非要用同一种球。提供一个相对常见的球类游戏（锻炼手眼协调）的清单供大家参考，见表4.3。

表4.3　球类游戏清单

类型	球类名称
静对动	高尔夫球、保龄球、台球、定点投篮、定点射门
动对动	乒乓球、篮球、足球、棒球、网球、羽毛球、排球

04　沙发上养成的平衡感

情景：

　　皮皮妈妈发现，孩子的挑战精神会随着平日里的运动练习不断提升。比如皮皮接球能够接住了，他就想和爸爸再挑战一个新的项目。皮皮最后选择的亲子运动会的项目叫作亲子平衡木。皮皮妈妈问他为什么选这个项目。皮皮笑嘻嘻地告诉妈妈："我觉得这个最简单了，反正比传球简单。"

　　也是，光是这个传球就练了接近一周，下周就要开始运动会了。除了巩固之前就打定主意要参加的跑步、传球、青蛙跳以外，这会临时抱佛脚看看能不能再参加一个项目。皮皮妈妈也不知道这是皮皮突然对自己有了运动的信心，还是因为星星老师透露参加一个项目就可以获得一张星星贴纸。如果得了第一名就可以获得五张星星贴纸，星星贴纸就可以兑换不同的礼物。

　　毕竟皮皮给妈妈说最厉害的奖品是个变形金刚的时候，眼睛都亮了。皮皮妈妈猜他是在打变形金刚的主意，自从带他看过变形金刚的电影，去环球影城玩了一趟回来，皮皮就对变形金刚迷恋得不得了。只是皮皮妈妈担心啊：万一兑换不了，他会不会又会发脾气说不干了、再也不参加了之类的话，或者刚刚建立起来的对体育活动的自信心全部支离破碎？不想了，想参加就练习吧。

◎ 莫老师小贴士

　　皮皮对运动突如其来的热情，确实与他最近在运动游戏中获得的成就感有关。在对比较对象进行了调整以后，皮皮发现通过自己的努力练习，运动能力比之前大有提升。这一点让他获得了很宝贵的品质——自信。勇于坚持、敢于挑战自己、敢于面对失败，这些都是运动给孩子带来的良好品质特征。

　　当然，也有很多孩子会为了得到某些奖励而异常努力，比如说皮皮为了兑换变形金刚玩具，也有的孩子会为了得到表扬而努力做某些事，都是很正常的情况。为了达到某种目的去努力，叫作不同的动机。如果孩子为了得到某些奖励去努力，这样叫作外部动机。如果是为了获得自信心或愉悦的情绪，这个叫作内在动机。运动赛场上，很多孩子为了拿奖去拼搏。建议各位爸爸妈妈尽量以激发孩子的内在动机为主，这样可以避免孩子将来出现做给爸妈看、为了奖励才学习等不良习惯。

情景：

　　家里怎么练习平衡木呢，这又让皮皮爸爸犯了难。去找一根晾衣竿架在两个凳子上让皮皮走吗？别说皮皮了，谁都踩不稳啊。要不用什么球让皮皮踩踩看呢，篮球的接触面是挺大的，只不过皮皮站上去动不了，扶着墙还能够站一会儿，不扶墙是 3 秒钟都站不住。皮皮爸爸抓耳挠腮，这也不行那也不行，皮皮倒是开心得不得了。

等皮皮妈妈再次回到客厅的时候，看到皮皮爸爸正在旋转电脑椅，然后让皮皮下来走。有些晕的皮皮哪还能走得了直线，几步就坐在了地上。皮皮妈妈赶忙跑过去检查，"你说你，练习走平衡木怎么还让孩子转晕了走路呢？你就找个什么东西让他走不就完了，这下好了给孩子摔了！"皮皮妈妈忍不住责备了皮皮爸爸几句。"刚才爸爸跟我玩大象走直线，可有意思了，就是转圈后再走。"皮皮补充的这一句让皮皮妈妈彻底生气了："你给我好好解释解释，你到底怎么想的！"

"你先别急着生气啊，我看网上说的，这样可以练孩子的平衡感，我先让他转晕后走直线，没有摔我才转的他。"皮皮爸爸还有一些委屈。皮皮妈妈看着面前这两个家伙又好气又好笑。这个时候她看见了家里的沙发，"这不就可以当平衡木做练习嘛！"

🎯 莫老师小贴士

人类的平衡感是怎么来的呢？这要追溯到人类前庭觉的发育。前庭的位置在耳朵的侧边，就是我们平时贴晕车贴的地方。如果孩子前庭觉发育得好，那么这个孩子就不容易晕车，也会拥有更好的平衡感。要问平衡感跟晕车有什么关系？这个关系可大了。

试想你在静止状态，视野里拥有的场景是不是也维持了静止状态，当你开始运动的时候，你的视野范围内的场景也跟着变化。如果坐在汽车上，你视野范围的场景变化速度非常快，这就会让你感到有一些不适应，从而产生恶心反胃的感觉。

当家长想要锻炼幼儿的平衡能力时，通过转圈让孩子走直线并不是一种科学的方式。家长可以参考传统训练中训练前庭觉的方式在家中进行练习。例如，摇晃、旋转的活动，如荡秋千、晃平衡板、玩大陀螺、转大龙球等。此外，滑板活动、蹦蹦床、走平衡木等也是常用的前庭平衡训练方法。

05　肢体不协调怎么办

情景：

很快到了亲子运动会的这天，从皮皮家走路去幼儿园要十分钟，但是今天皮皮一家只花了 6 分钟就到了。皮皮说了，遇到开心的事情他的小腿倒腾的速度都要比平时快一些。路上，皮皮妈妈给皮皮做了好一会儿心理建设："皮皮，咱们的目标是什么来着？""跑步赢了豆豆家！"皮皮回答得超大声。"不是的，我们的目标是尽力和爸爸去感受运动会的开心！如果跑步可以赢了豆豆家，那真的超级棒！如果赢不了呢？"皮皮妈妈有些无奈，从昨晚就开始了，到了今天回答仍然是"赢了豆豆"，皮皮的这个执念很深啊。不管怎么样，这是皮皮家第一次参加亲子运动会。

爸爸们带着孩子们去换衣服进行准备了，妈妈们的任务则是和老师们一起把茶歇台收拾好。最主要的任务就是，孩子都给爸爸带，妈妈们负责吃糕点、拍照，开心就行！妈妈们一个个都喜气洋洋的，不仅不用自己带孩子，甚至还有时间打扮自己，大家对幼儿园的安排非常满意。

◉ 莫老师小贴士

　　尽管我们很担心幼儿会反复纠结于输赢这件事，担心孩子会因此钻牛角尖或是自己不开心，不可否认的是"想赢"在孩子心里确实是一件非常重要的事情。当我们察觉到了孩子对于结果过于关注的时候，可以在日常的生活中进行"发现过程的美好"这样的小训练，以此告诉孩子结果不是唯一值得庆祝的事。

　　由于幼儿的年龄尚小，他们的注意力也会相对容易被更多有意思的事情分散。当他们能意识到过程也很精彩以后，对于结果的执念就能够得到一定程度的缓解。如果爸爸妈妈们不知道怎么让孩子发现过程的精彩之处，可以带孩子去爬一次山。爬山的过程中，交给孩子一个儿童相机或者是他们的小天才手表，让他/她把觉得有意思的地方都拍下来。不管孩子拍什么都不去干涉，不论是路上的石头还是脚边的花，或是山顶的风景，他/她想拍什么都可以。回家以后大家一起分享拍到的有意思的画面，听孩子说说看他/她的收获。

　　不论他/她拍了多少照片，上山下山路上的照片数量一定会比山顶的更多。借此机会就可以告诉他，人在追求目标的过程中，达到目标所花费的时间和精力远超颁奖的那一刻。如果只在山顶才给孩子相机，他/她就会错过途中的风景。

情景：

　　皮皮和皮皮爸爸报名之前就想好了参加亲子赛跑、抛接球、平衡木、摸高，还有额外的两人三足和爬行比赛。在运动会的开幕式上，部分班级的小朋友们准备了节目。皮皮所在的班还是小班，准备了一个很简单的足球体操。不知道是不是皮皮妈妈眼睛看花了，总觉得皮皮的动作看起来有些怪，当然表演时间很短暂，马上就到了下一个班级的节目，所以皮皮妈妈没有在意这件事。

　　比赛一项项有秩序地进行，个人赛结束以后是团体赛，爸爸、妈妈还有小朋友们齐上阵比赛拔河，大家都互相喊着"1、2、3，加油"！这也是皮皮第一次拔河，他觉得有意思极了。这次的战果还不错，皮皮和皮皮爸爸虽然没有拿到跑步比赛的第一名，但是也确实超过了豆豆和豆豆爸爸。抛接球倒是拿了个小班组的第二，平衡木和其他项目重在参与了。看来平衡木这个运动还是没法通过几次训练就获得好成绩啊，要持之以恒才行。

　　皮皮没能兑换到变形金刚，换了一个蜘蛛侠的玩偶，倒也是很满意。"我还小，明年我们再继续挑战,爸爸你说好吗?""好好好，我们接下来的一年也要一起运动哦。"就这样皮皮和皮皮爸爸达成了约定。晚饭后，一家人在客厅的大屏幕上看皮皮妈妈拍的照片。"爸爸，你看皮皮做体操的时候是不是特别好玩，我那会就觉得可有意思了。""啊，我怎么觉得皮皮有点同手同脚呢?"皮皮爸爸说完以后，全家人陷入了沉默。

　　"要不皮皮，你给爸爸妈妈再跳一个，好像在家里没见你跳过啊。"皮皮爸爸率先打破了沉默，皮皮一脸尴尬地拿出皮球又跳了一次，全家再一次陷入了沉默。

⊙ 莫老师小贴士

　　对于皮皮而言，他的平衡能力相对欠缺，而同手同脚也是四肢协调能力较弱的一个表现。如果在幼儿生长发育的过程中，平衡性与四肢协调能力都相对发育缓慢的话，对于幼儿的运动能力发展、日常的生活、对事物的兴趣都会产生相对消极的影响。《幼儿园教育指导纲要（试行）》指出："幼儿园必须以游戏为基本活动。"所以提升幼儿四肢协调能力、肢体与大脑协调发展能力的有效方式仍然是各种类型的游戏。

　　当孩子出现听到指令与动作不同步、同手同脚、跟不上节拍、节奏混乱等状况的时候，不用过于担心。儿童本身就处于生长发育的状态，前文中所提到的运动都是可以帮助幼儿锻炼平衡感和整体协调能力的好方法。但是切记要拆解步骤慢慢训练，从静到动、动到静、动到动这样慢慢进行练习。如果孩子的协调能力相较于同龄孩子仍然有很明显的差距，儿保的医生也说协调能力弱的话，建议爸爸妈妈们再去咨询更专业的老师进行更为专业的训练。

第 五 章　和爸爸 一起艺术启蒙

01 大自然的丰富色彩

情景：

快到夏天了，过了这个夏天皮皮就该读中班了。谷雨的时候，莫老师那边组织了一次亲子活动，叫作诗情画意的春天，赶在春天的尾巴让孩子们感受一下春天的美。这次的活动非常简单，爸爸妈妈们和孩子们在莫老师的工作室里用春天的植物进行拓印，共同完成一幅属于春天的画。皮皮爸爸还是第一次参加这种形式的亲子活动，以前皮皮小时候的早教课程还有托班衔接都是皮皮妈妈带过去的。

皮皮妈妈对拓印倒是轻车熟路，第一做的时候还在早教的班里。皮皮主打一个重在参与，妈妈用皮皮的小脚丫做个脚丫画，到现在还摆在电视机前面呢。皮皮和他爸两个人这儿摸摸、那儿摸摸，新鲜得不得了。选自己喜欢的植物叶子还有花，将表面上的脏东西轻轻擦拭干净以后，浸泡在明矾水里面大致 30 分钟。稍微将植物进行适当修剪以后，将植物按自己喜欢的位置摆放在白色的帆布包上，再用透明胶粘住。最后一步是用小锤子不停敲打这些植物，敲到从背面看到植物的印记就算好了。这时候把胶带撕下来，就能看到叶子和花的形状都印在帆布包上啦。

皮皮问爸爸："为什么我们找到的花的颜色印上去都不一样呢？"这怎么回答呢，皮皮爸爸勉强想了个答案："因为它们是不同的花，所以有不同的颜色？""可是叶子也是不同的叶子，为什么叶子都是绿色的呢？"皮皮的这个问题让皮皮爸爸有点回答不出来了。这时莫老师溜达到了他们身边，"皮皮，你观察一下这个房间里的小朋友们，是不是都长得不一样呀？"皮皮环顾了一圈，"那肯定啊，我们是不同的爸爸妈妈生的，当然长得不一样。"

"那为什么你们的衣服也都不一样呢？"莫老师又提了一个问题。"当然是因为我们喜欢的衣服不一样。"皮皮的回答倒是有一些道理。"植物界的花花草草其实也是一样的，因为它们的爸爸妈妈都不一样，所以呢长相和颜色也都有所差异。就算是同一株植物，不同的季节它的根茎、叶子、花朵都会呈现出不同的形状和颜色。这就有点像你们换衣服一样。"皮皮似懂非懂地点了点头。"皮皮，让爸爸带你去找找叶子是不是同一种绿色吧。"莫老师给皮皮爸爸也布置了一个任务。

🎯 莫老师小贴士

对于儿童发展来说，培养幼儿的审美能力这一点也十分关键。这意味着儿童是否会具备看见美、感受美、创造美这样的能力。审美能力是幼儿的心理发展需要，人可以通过表现美的不同形式展示出自己的内心世界。内心感受美的能力能够帮助幼儿从现有生活中找到值得发掘之处，这也体现了幼儿积极的情绪状态。

对于部分幼儿家长来说，对音乐、乐器、美术、舞蹈等的观念仍然停留在过去兴趣班、特长班这样的固有印象，所以对于孩子的要求仅仅是得学点什么才拥有才艺可以进行展示。其实，在学龄前阶段让幼儿接触丰富的表现美的形式并不局限于传统艺术类培训课程，见表5.1。

表5.1　不同的美育艺术类型

艺术类别	具体内容
音乐	古典乐、轻音乐、流行音乐、爵士、蓝调、摇滚、民谣等；声乐、歌剧、戏剧、戏曲、生活中美妙的声音、大自然中美妙的声音
乐器	键盘乐器、弦乐器、打击乐器、铜管乐器、木管乐器等；生活中可以当作乐器的工具、大自然中可以奏乐的工具
舞蹈	古典舞、民间舞、拉丁舞、民族舞、拉丁舞、爵士舞、歌舞等；幼儿自创表达心境的舞蹈
美术	绘画、雕塑、版画、油画、素描、壁画、水墨画、水彩画、建筑艺术、工艺美术、动漫形象设计等；使用大自然中的物品作画、儿童拼贴画
生活	饮食美学、家居美学艺术、建筑美学、插花、运动美学、色彩搭配、服装搭配、美妆、摄影构图、语言的表达艺术、发现美的能力

从表5.1中，我们可以看到感受美、表达美的形式相较于传统观念而言，不仅内容丰富而且涉猎广泛。其共性在于帮助幼儿培养一个核心能力：发现美与表达美。幼儿能够用合理的方式去感受生活中的美，有助于他们心理健康的发展，也有利于幼儿舒缓自己的不同情绪。不论是积极情绪还是消极情绪，他们都将拥有一个情绪的出口进行表达。

情景：

第二天，皮皮爸爸一大早就叫醒了皮皮和皮皮妈妈，窗外的天甚至还是朦胧一片。"去完成莫老师的任务了，咱们去爬山看日出。"皮皮妈妈心里百般不情愿，"天啊，自从皮皮爸爸开始积极带孩子以后，自己的日子并没有好过很多啊。亲子活动都是带着自己一起折腾，比自己带的时候还要累很多很多倍。"皮皮的情况也没有好到哪里去，上车后，皮皮和皮皮妈妈很快就进入了梦乡。"醒一醒，我们到山顶了。"皮皮爸爸用力摇晃着不清醒的皮皮和皮皮妈妈。他用有一些粗糙的手指头把皮皮的眼皮硬生生撑开，"皮皮你看，那是什么？""月亮和星星，爸爸我好困啊。""再坚持一下，马上就能看到最漂亮的景色了。你看啊，星星一眨一眨的，是不是在和你说话呢？"皮皮爸爸显得有一些絮絮叨叨的，"你看看周围的植物是什么颜色，现在看起来像是黑色，是不是？皮皮你看看啊。"

皮皮爸爸搭好了帐篷，把一家人安顿在了防蚊虫的帐篷里。帐篷有一个很大的天窗，四周也都是透明的纱帐可以阻挡蚊虫。没一会儿，皮皮逐渐清醒，他看到了仍然黑漆漆的大树和草地。不管是什么植物都黑漆漆的，要不是知道植物是绿色的，他还以为都是黑色的呢。天的颜色逐渐变亮，大山的另一端冒出了太阳的一角，慢慢变成了红彤彤的一片。很快过渡到了橙色，但是这个橙色也没有维持太久的时间，慢慢也开始褪色了。最后，天空变成了原本的样子，出现了湛蓝的天空和白白的云朵。

"哇，爸爸你看天空一直在变色，好漂亮啊。"他的小眼睛瞪得通圆，"大自然真的好神奇啊。"皮皮转向四周看了看之前墨绿色的植物，远处的大山变成了墨绿色的，眼前的大树虽说都是绿色，但是仿佛绿的深度也不尽相同。"还真和莫老师说的一样，它们穿的衣服都不一样。"皮皮从帐篷里钻了出去，跑来跑去地想要对比不同的绿色。"大自然真的太神奇了。"皮皮忍不住感慨，"这是我第一次看日出，真的太美了！"

🎯 莫老师小贴士

近年来露营变成了亲子出行的热门项目之一，公园里、草地上都可以看到带孩子露营的家长们。倘若只是带孩子去到一个长满大树、绿草和花丛的地方躺着玩手机，那便失去了观察大自然的意义。放下爸爸妈妈手中的手机，带着孩子观察天空中云朵的形状，观察大树的年轮和脉络、观察树叶的形状、观察花的颜色和香味；带孩子去看大山的巍峨，去看大海的波涛，去看湖面泛起的涟漪，才是带孩子到大自然中正确的方式。

培养孩子审美能力的第一步：让孩子学会看见美。相信各位爸爸妈妈们对于美的重要性都有深刻的了解。

02　生活中的美妙声音

情景：

下山之前，爸爸看着手舞足蹈的皮皮，又想到了一个新的好点子。既然来到了山里，不如让皮皮听一听大自然的声音。皮皮和皮皮爸爸一人搬了一把钓鱼用的月亮椅，爸爸支了个棚子，爷儿俩坐在草丛中，皮皮不停地踢着小腿，被草尖挠得怪是痒痒。

"皮皮，咱俩玩一个游戏吧。这个游戏就是谁也不能发出声音，谁也不能说话。""你要在这么美的地方和我玩木头人啊？"皮皮打岔的速度倒是挺快的。"爸爸最近跟莫老师学了很多游戏。咱们来比赛看谁找到的声音更多，用你的小耳朵仔细听听，都能听到什么声音呢？""比就比，你还不一定能赢我呢，因为妈妈说我做事很仔细的。"

说着，皮皮和皮皮爸爸谁也不吱声了。别说，皮皮在听声音这件事情上面还是有技巧的。他使劲把脑袋往一边凑，好像这样就可以听得更清楚一些。没过多久，皮皮把眼睛闭上了，还把两只手打开做出迎接风的姿势。

清晨的山上，森林里会有哪些声音呢？皮皮听到了风从耳边呼呼路过的声音，有时候像是说"喂！你挡到我了，快让一让"。有的时候又像是轻柔的一阵烟从自己耳边飘过，只能听到细微的空气摩擦的声音。皮皮听到了树叶沙沙的声音，可是为什么树叶摇晃的声音也不一样呢？有的树叶摇摆起来像穿了纱裙的公主一样，声音柔软又细腻；有的树叶像操场上奔跑的小朋友们，充满了清脆的欢声笑语；有的树叶像极了编钟，"哗啦、哗啦"像是在奏乐。"为什么听不到花发出的声音呢？"这让皮皮感到一些奇怪。他悄悄走到了一簇花的旁边蹲下静静听，"奇怪，怎么还是什么都听不到呢？没有不同的声响呀。"皮皮心想着，又耐心等待了一会儿。可能是某一阵顽皮的风会拐弯，正好钻进花丛里面去挠花朵的痒痒，这个声音听起来细细软软的，像是手链不小心碰撞在一起的声音。

除此之外，皮皮还听到了清晨知了不断的鸣叫声，空中也偶尔飘过几声鸟鸣，再仔细听听，好像还有其他小动物的声音。只不过声音太小了，皮皮听不太明白。"爸爸，你给我说说，你听到了什么声音？"皮皮爸爸有点局促，"那个，风声、雨声、虫声？""哈哈哈——"皮皮妈妈心情非常好，皮皮和皮皮爸爸的进步让她很欣慰。

◎ 莫老师小贴士

要说谁听到的声音更胜一筹呢？当然是皮皮了。皮皮听到的所有声音都在他的小脑袋瓜里面有了具体的形象。这也是儿童掌握声与形并进行结合非常重要的一步。他们能够将听到的声音在脑子里变成声音、图像与其他感官系统融合。每每回忆起那次看日出的经历，皮皮能说的可就不止那些被他拟人化了的声音，会伴随着当时的情绪和感受、鼻腔里涌入的味道一起被皮皮复述出来。

　　这样的一趟短途旅行，能够让皮皮感受到美吗？答案是一定的。如果只是在上一节按照莫老师的要求，找完不同的树叶颜色就带着孩子刷刷手机踏上返程，孩子的收获又能够有多少呢？这意味着儿童发现美的能力需要得到成人的引导，再与其直接体验相结合，才会把这些感受美的时刻牢记在心中。

　　倘若各位爸爸妈妈有机会带着孩子去自然中玩耍，请一定试试看皮皮爸爸和皮皮玩的找声音的游戏，让孩子学会用自己的感官系统去认识这个世界的美。

情景：

　　那天从山上回来以后，皮皮养成了一个新的习惯，上学的路上他的眼睛也在不停看路的周围，回家以后他也翘着小鼻子这里闻闻那里闻闻。这对于皮皮爸爸来说是有一些费解的，家里有什么好闻的呢？或许是日出之行打通了皮皮学习观察的"任督二脉"，皮皮用眼睛看到的东西，再用鼻子去闻又会获得不同的体验，鼻子闻的时候脑海里又会出现一些画面，而这个画面又和看到的画面不太一样，这一点让皮皮觉得非常神奇。

　　"爸爸，你知道我们家的干净衣服是什么味道的吗？"皮皮迫不及待地想向爸爸展示自己的新收获。"还能是什么味道，洗衣液的味道呗。"皮皮爸爸显得有一些不解。"我来猜，是樱花洗衣液的味道！"皮皮妈妈踊跃举手，这个答案比皮皮爸爸略胜一筹。只见皮皮摇了摇头："对也不对，首先呢你最近用的洗衣液是桃子味，樱花味的衣服是外套，现在的长袖和短袖都是桃子味。"

皮皮一副小大人的样子，学爷爷背着手，摇头晃脑地继续发问："那你们知道，如果你们闭着眼睛去闻干净衣服的时候，脑子里会想什么吗？"皮皮妈妈是蒙的，皮皮爸爸也不知道皮皮小葫芦里卖的什么东西。"你们想象一下！运用一下你们的想象力！"说着，皮皮从背后掏了一件短袖出来，"来，你们俩闭着眼睛闻。"皮皮爸爸和妈妈都闭着眼睛深吸了几口气，"啊，我觉得呢，我脑子里的画面是一颗大桃子，闻起来很香。"皮皮妈妈白了他一眼，"我脑子里的画面是，这是一辆卖桃子的推车，这辆推车散发着桃子的甜香味，让我饿了。"

"我以为你能想出点什么高级的东西来呢，哈哈。"皮皮爸爸发出了笑声。"那皮皮，你脑子里的画面是什么呢？你也给爸爸妈妈说说吧。""我脑子里的画面是，妈妈把衣服按颜色分类放好，再倒进洗衣机里，洗衣机的滚筒转了一圈又一圈，上面沾满了白色的泡泡。然后妈妈把衣服都晾在阳台上，阳光一晒桃子味非常浓郁，阴天时味道就没有这么香。然后妈妈会和我一起把晒干的衣服都收拾好，妈妈会抱着我说'皮皮真棒'，我会觉得很幸福。"

谁知道皮皮脑海里播放出来的居然是一段视频。

莫老师小贴士

对于儿童而言，我们尽可能刺激他们多感官的同步发展，培养他们运用自己的感官系统去了解事情的全貌这样的能力。可能有的家长会有纳闷感官系统是什么，简单而言就是人的眼睛功能——视觉、鼻子功能——嗅觉、耳朵功能——听觉、嘴巴功能——味觉、皮肤功能——触觉。让孩子们用不同的感官系统去了解新鲜的事物，再结合自己的原有体验，适当发挥孩子们的想象力，就会得到全然不同的答案。

生活里的声音是一个非常大的命题，在我们儿时曾学过这样一首诗："风声雨声读书声，声声入耳。"任何地方都会伴随着自然界的声音、动物的声音和人为的声音，当三种类型的声音交织起来的时候，就是独属于这个世界、动物与人类的绝美乐章。

只有儿童对周遭的声音有足够多认知的时候，他们才能够试着用不同的工具来复刻耳朵里曾经听到的声音。只能模仿别人的画、照着别人的谱子去弹琴、按照编导的要求去舞蹈，是远远不够的。家长都希望自己的孩子成年以后能够尝试创新，能够进行创作，而不是只能机械复制别人的一切。这一切的基础都是孩提时代对美的认知所进行的铺垫。各位爸爸妈妈应该明白了吧，我们认为"无关紧要"的声音对孩子的"美"的发展至关重要。

03　还可以用什么来作画

情景：

有一件事情似乎全国的幼儿园都达到了统一，就是幼儿园老师酷爱让孩子先去观察植物然后回来画画。星星老师的班级中，孩子们的画五花八门。单说太阳的颜色，红的黄的紫的黑的，什么都有。隔壁班的菁菁老师忍不住提了好几次建议，"马上中班了，你让他们多照着画得好的学学呗，要不家长早晚要有意见。"可是星星老师的观点是，孩子们画画开心就好，画成什么样、涂成什么颜色总有他们自己的理由。

比如说红色的太阳是日落的时候，黄色的太阳是动画片里面的太阳公公，紫色的太阳是因为今天的太阳感到非常生气，就气成了茄子的颜色。黑色是因为天黑了，只能看见月亮，所以太阳是黑色的。这些理由都非常合理啊，挺好的。

皮皮爸爸和皮皮妈妈对艺术不太明白，让他们辅导艺术确实有一些为难这两个理科生。有一点让他们很费解，那就是皮皮每次带回家的画都有些"一言难尽"，好像不太好看。他们也不知道能不能这样评价孩子的画。莫老师说不管孩子画成什么样都很好，画画是表达他们思想感情的一种方式和途径，是他们表达美的一种方式。可是皮皮这个画画本儿里的画，和美真的有点搭不上关系。自从皮皮爱上恐龙以后，他的每张画都能延伸出恐龙、风雨雷电的惊心动魄的动作故事。

好像班里很多家长都有这样的疑惑，星星老师在小班结束之前安排了一次家长公开课，内容就是《儿童到底可以用什么来作画》。她准备了很多孩子们不同类型的画，还有她以前教过的孩子们中班、大班时候创作的画，进行了一个小型的布展供家长们参观。

这下可让皮皮爸爸和皮皮妈妈大开了眼界，有的画看起来只是很多颜色堆积到一起，有的画看起来是一些凌乱的线条，有的画干脆就是用毛线七扭八歪组成的。还有画里的公主的裙子是一些糖纸拼起来的，有的画直接就是不同的树叶拼起来的，有的是孩子的手掌脚掌的印迹。总之就是和传统的儿童画不太一样。他们的印象里，儿童画就是规规整整在白纸上先用铅笔画出轮廓，然后用黑色描边，最后涂上对应的颜色。要说有什么区别，好像就是有的时候用水彩笔，有的时候用油画棒，偶尔用一用颜料。现在孩子们的画还真是不一样。

🎯 莫老师小贴士

皮皮爸爸和妈妈的印象倒是准确的，儿童表达艺术的形式非常多样，就像他们表达音乐的方式可以是用生活中任何可以敲响的东西当伴奏，也可以随便哼一些毫无规律的音调。表达画画的方式包含但不限于用什么画、用什么上色、用什么材料。这也就是为什么在参观孩子们的画时，皮皮爸爸和妈妈看到了这么多不同类型的儿童画。

很多时候，家长们更强调孩子画得像不像，能不能模仿得准确。这就要说到儿童美术发展的不同阶段，起初孩子们只是进行涂鸦，拿着画笔乱画，拿着颜料胡乱涂抹。随着精细动作的成熟和手指力量的增强，孩子们开始使用一些相对有规律的颜色，虽然看起来还是乱涂出来的，但是对于儿童自身来说逐渐有了一定的意义。接下来，儿童会一边涂一边解释说这是什么东西，一般来说这就是小班孩子所经历的涂鸦阶段。

而后，孩子们进入第二个阶段叫作象征期。这个阶段的孩子很喜爱用一些简单的线条来表示人或者物。例如，孩子们画的一个椭圆形是脑袋，一条长长的线是身体，另外四根短的线是四肢，像极了一个火柴人。当然这个火柴人会慢慢拥有另一个椭圆的身体、五个椭圆的手指。孩子们也会增加不同的发型。慢慢孩子们过渡到了图示期，随着对事物观察越来越细致，他们会给火柴人画上不同的衣服，衣服有不同的颜色，戴上不同的帽子，画很多房子、大树、小草等。

这样看，孩子们"画得不像"是不是才符合幼儿正常的美术能力的发展规律？他们从图示期过渡到写实期又要经过一番漫长的等待，才能够达到家长的期待，叫作"画得像"。当然也有个别非常有天赋、天资聪慧的孩子，在学龄前阶段就能够画出色彩丰富、细节完善的画作，我们在这里说的是常规情况。

所以，幼儿园孩子画画的方式才会如此多样。"是否画得像"这个标准扼制了儿童的创造力和想象力的发展。他们可以使用任何材料来代替颜料，可以使用任何工具来代替笔，也可以在任何合理、能够作画的地方进行创作。这才是尊重了儿童美术能力发展的良好做法。

情景：

皮皮爸爸回家以后的感受可以说是大为震撼，连说了几次现在的时代和自己小时候确实完全不一样了。皮皮爸爸觉得陪皮皮一起学习、一起游戏，比想象中的要有意思多了。他看到皮皮妈妈给皮皮报了一个线上的美术课体验班，这个体验班主打的就是儿童创意画。皮皮爸爸玩得比谁都起劲。这不是要用海绵棒来画花朵吗，蘸了颜料用圆形的海绵棒往纸上一摁，周边再用小一号的摁一圈就是一朵花儿了，真好玩。两个手掌上满是红色颜料，像开花的姿势往纸上一按，画一下眼睛就是小螃蟹了。真是太好玩了。

于是，皮皮爸爸突发奇想："皮皮，你说咱们家那个发芽的土豆能不能拿来画画啊？"皮皮妈妈听了发笑。"可以的爸爸，肯定可以，我去拿。"皮皮一路小跑把准备扔的发芽土豆又捡回来了。父子俩不知道在那儿捣鼓什么。"妈妈你说为什么土豆不能像树叶那样敲出花纹？"皮皮很真诚。皮皮妈妈不想回答，偷偷看了皮皮爸爸一眼，"你们自己查查吧。"说完继续做饭去了。

◎ **莫老师小贴士** ━━━━━━━━━━━━━━━━

有时候，孩子的爸爸看起来会比孩子更为幼稚，孩子的玩具他们玩着更开心。那么请问我们要不要阻止爸爸这样的行为呢？有的妈妈希望爸爸能够以身作则，爸爸要有个爸爸样，当然要阻止爸爸啊！但我们的建议仍然是不要干涉，爸爸的沉浸式游戏说明了一件事，那就是他在专心和孩子一起享受这个亲子时间。爸爸这个称呼并不代表爸爸没有权利与孩子共同玩耍、享受快乐。当皮皮爸爸专注研究怎么把土豆变成画画工具的时候，这样的专注不就是妈妈们嘴里所说的"好榜样"吗？皮皮能够从爸爸身上学会什么叫作"举一反三"、什么叫作"越挫越勇"、什么叫作"遇到困难想办法"、什么叫作"专注"。皮皮能够从爸爸身上学到这么多良好的品质，制止当然没意义了，你们说是吗？

　　鼓励孩子用不同的方式去作画，将他们的所见所闻所感用自己能够使用的方式记录下来，都是促进幼儿艺术能力发展的好办法。当然了，面对这么多看不懂的画，需要爸爸妈妈们去和小朋友聊聊。儿童画里的奇妙之处就是他们嘴里所说的对于这幅画的解释，相信我，会比我们看到的更有意思。

04　泥巴地里的艺术美学

情景：

　　转眼间就立夏了，皮皮已经不乐意穿长裤了，"妈，很热，你不热吗？"皮皮非常纳闷地捏了捏皮皮妈妈身上的防晒衣。"听话皮皮，要穿防晒衣，会晒伤的。""黑点好，黑点健康，我就不穿，太热了！"皮皮跑起来像一阵风，顷刻间卷走了皮皮妈妈的平稳情绪。

　　这几天总是下雨，皮皮披着一件有恐龙尾巴的雨衣在楼下"啪嗒、啪嗒"踩水玩，泥巴点溅了一身。皮皮旁边的小孩浑身也都是泥巴。皮皮妈妈定睛一看："这不是豆豆吗？"皮皮妈妈拍了张他俩的照片发到妈妈群里并提醒了豆豆妈妈。"真不知道这个泥巴有什么好玩的。"豆豆妈妈回复："豆豆可喜欢玩泥巴了，喊都喊不回来！"是啊，泥巴有什么好玩的呢？皮皮妈妈随手分享给了莫老师，莫老师回了个捂嘴笑的表情："那你们去看看呗，看看他俩在玩什么。我也挺好奇的！"

　　皮皮妈妈穿上雨衣也下了楼。看到皮皮和豆豆在用泥巴捏成泥团互相扔，她自己也不幸中招了。太脏了，真的太脏了，我以为他们能玩点什么呢！"皮皮，早点回来啊！"

　　皮皮妈妈迅速溜回了家。

◉ 莫老师小贴士

　　水、泥巴、黏糊糊的东西好像是孩子们的心头好，学龄前的儿童总是沉迷于各种各样的水坑、泥坑。对他们来说，泥坑里有着属于童年的整个世界。那么泥坑为什么那么吸引幼儿呢？不论是泥巴、水还是黏土，它们都有相同的特征：很强的可塑性。泥土和水也是组成我们世界的基本。水是生命之源，而万物孕育在泥土之中，植物、昆虫都源自泥土。在中国的古代神话中，女娲造人所用之物也是泥土。

　　作为生活中最为常见的元素，水、石头、沙子、泥土早在千年之前就成为儿童进行游戏的媒介。中国著名教育家陶行知的教育观中也提倡要让将孩子们的教育与他们的生活紧密结合。要让孩子们的教育内容接地气，要让他们的游戏接地气，玩耍的材料是可持续性的。所以在现代的幼儿园之中，我们能够看见会有沙池、水池、种植园等。

　　泥巴不再是传统意义上会让孩子浑身弄脏的东西，反而成为幼儿园老师开发新型课程的材料。例如幼儿园开放的种植园区，让孩子们参与植物的全部种植过程，让他们了解种植不易，让他们感受丰收的喜悦。开放的泥塑课程，让幼儿了解到泥巴的可塑性，他们可以使用泥土进行创作。院子里的泥土取之不尽还可以循环使用，比橡皮泥更受幼儿的喜爱。通过观察泥土的特性，了解泥土的不同用途，用泥土进行搭建，感受泥土的神奇之处。另外，玩泥巴还可以培养幼儿的注意力、观察能力、思维能力和创造能力。还可以提升幼儿的精细动作发展能力，开阔他们的眼界。

虽然看起来皮皮和豆豆是在用泥土捏成球扔对方，但是这个小小的行为说明了他们所处的阶段是在探索泥土的特征。他们发现了泥土具有可塑性，可以用来捏成球，挖掘出了泥土的新用法。如果皮皮妈妈愿意多等一会儿，也许皮皮和豆豆在下雨天的泥巴地里还会向她展现更多。

情景：

皮皮妈妈给皮皮爸爸分享了小小泥巴居然也是教育孩子的良好方式，小时候自己只知道瞎玩啥也不会。皮皮爸爸附和："就是，我小时候也喜欢玩泥巴，我妈就说我是泥猴，谁能知道这泥巴还成教学用具了。""要不这周你带孩子去专心玩玩泥巴？我搜到咱们家附近有一个泥巴探秘基地呢。"皮皮妈妈的手机大数据一定是检测到了她这两天搜索的内容，精准推送了一家泥巴探秘基地，皮皮爸爸的周末又有了新的活儿可以忙了。

经过一番介绍，原来这个泥巴基地里面的项目非常丰富，有面积很大的欢乐泥塘，孩子们穿上雨靴雨衣可以尽情蹦跳玩耍；有泥巴地里的泥巴藏宝，孩子们根据藏宝图去找藏在泥巴里面的宝贝；有泥巴DIY，质地相对硬一些的泥块可以供孩子和家长一起进行泥塑；有陶艺区，孩子们做出来的陶艺可以拉坯上色后进行烘烤；还有迷你泥巴厨房，给年龄段更小的孩子们准备了模具，让他们进行过家家的游戏。

　　皮皮爸爸最感兴趣的环节是泥塑。之前听皮皮妈妈说了以后，他也在网上查了一下资料。好多家长晒出了自己的泥塑作品，他也很想挑战一下。现场的老师给了皮皮和皮皮爸爸一套泥塑工具和一些样板图，教了他们每一种工具的用途。有的是用来削出基本的形状；有的泥刀上面有弧度，用来削弯的部分；有的泥刀很细，可以用来雕刻细节。另外，还给了他们一桶水。皮皮爸爸问："水是拿来干什么的？"皮皮笑眯眯地告诉爸爸，肯定是用来给小朋友洗手用的。他俩决定做一个皮皮喜欢的蜘蛛侠，爸爸把泥块从桶里拿出来，"皮皮快来帮忙，我们要把这一大坨泥巴弄成一个长条才能做人像，爸爸需要你扶住底座。"皮皮的小手扶着泥巴底端，眼看着爸爸把泥巴拉得越来越高了，他心里觉得不太妙。"爸爸，我觉得太高了，而且你看图片里的蜘蛛侠好像有一个底座，是不是底下的泥巴要多一些，我有点扶不稳了。"

　　"哦？好像是啊，那我给你匀一些泥巴下来做个底座。"皮皮爸爸又开始把上面的泥巴往下抹，一旁的老师有一些看不下去了，"要不你们先弄一个长方体出来横着放当成底座，然后再做一个长方体竖着放，用细的泥刀画一下蜘蛛侠的轮廓，怎么样？"皮皮爸爸觉得老师讲得很有道理，用大泥刀削轮廓这个环节还算顺利，就是好像不管怎么都做不了很细致，再用弯的泥刀一削就断了。"算了，要不我们就像用橡皮泥一样，搓好了拼上去，行吗？"皮皮爸爸有点不好意思，看着皮皮说。"好吧，那我做手，你做腿吧。"皮皮看起来有一些无奈。

在皮皮和爸爸搓好四肢以后又遇到了一点小麻烦。泥巴有点干了，没办法粘到身体上。皮皮爸爸有点慌，"皮皮你们在幼儿园遇到过这样的情况没有？""没有，幼儿园小朋友没有你动作那么慢。"皮皮翻了个白眼。"那咋办啊？"皮皮爸爸此时此刻比皮皮更像小班的小朋友。皮皮看了看身边的工具，看到旁边有人往泥巴上抹水，于是用手指蘸了点水抹在蜘蛛侠的胳膊上，再一粘，好像粘上了。皮皮用手戳了戳他爸，"爸，那桶水好像不是拿给我们洗手的，你看我的粘住了。"皮皮和皮皮爸爸粘的蜘蛛侠看起来非常像皮皮平时画的大号的火柴人。皮皮看看爸爸，爸爸看看皮皮。"妈妈，你觉得怎么样？"皮皮拍成照片给妈妈发了微信。皮皮妈妈说："你们做的火柴人吗？"皮皮和爸爸又沉默了一会儿。

"挺好的，让我们画上蜘蛛侠衣服的纹路吧！"皮皮爸爸给了皮皮一把雕刻刀。又一番操作过后，爷儿俩很满意，再给妈妈看看吧！"哟，你们的火柴人拿着渔网去打鱼吗？"皮皮妈妈发来了信息。"妈妈，你不可以这样笑我们，我和爸爸很伤心！"皮皮率先反抗。"皮皮，要不咱们再去泥塘蹦会儿？"皮皮爸爸提议，"我觉得我更适合泥塘，走吧儿子。""行。"后来皮皮和爸爸在泥坑里又重新找回了快乐。

🎯 莫老师小贴士

对于初次接触泥塑的儿童和家长来说，这看起来是一件很难的事情。他们与泥土之间的关系还没有那么密切，要等孩子对工具的使用更熟悉一些才能更加得心应手一点。对儿童来说，他们

需要观察图片中的形状、不同的结构、大小之间的比例等，把 2D
变成 3D 是一个非常具有挑战性的过程。要说泥巴和美学有什么关
系，这就要说到古代过渡到陶瓷再到彩陶的过程了。泥巴的塑形、
上色、成型，这就是感知美的过程。哪怕只是孩子用泥土简单做
了一个苹果，他 / 她给苹果装上了叶子进行点缀，还给苹果刷上
了颜色，你说这个苹果美吗？在孩子眼里这个苹果漂亮极了，他 /
她用自己的小手把脑海中能回忆到的最漂亮、最甜的一个苹果用
泥土复制出来，当然美了。让孩子去感受美、表达美的过程本身
就是一种美。

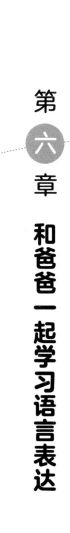

第六章

和爸爸一起学习语言表达

01　关心他人的一百种表达方式

情景：

皮皮的爷爷奶奶最近趁着端午节的假期，来皮皮家跟他们一起住了几天。皮皮爸爸带着一家人去周边的古镇玩了一趟，但是这一路上皮皮的心情并不是很好。原因是爷爷奶奶总是批评皮皮，比如说皮皮就知道赖床，很早就叫皮皮起床锻炼。"皮皮，快点起来我们去公园走走。""我不想去，我想睡觉。""睡什么啦，快点起来了，小孩子要有个健康的身体，这样才会长得高。"奶奶并没有给皮皮说话的机会。

奶奶说早上天气凉快，最适合晨练。皮皮不想出门，磨蹭了半天都没有穿好鞋。"我说你这个小孩子怎么回事，磨磨蹭蹭的，早上出去活动活动，奶奶也是为你好的呀。你们老师不是说了吗，小朋友的户外运动时间要每天两个小时的。我看你爸爸妈妈也挺累的，让他们多休息一会儿，我带你去玩。"奶奶还在滔滔不绝地说着。皮皮用求助的眼神看向了爷爷，爷爷皱成一团的脸好像在说:"我也没办法啊!"

吃完饭,皮皮又不情不愿地跟着爷爷奶奶去买菜,"快点走呀皮皮,你才4岁体力怎么就这么差,奶奶就说你平时锻炼少,是不是?这个桑葚怎么卖的呀?"皮皮奶奶的嘴就跟机关枪似的,说的话皮皮听着不舒服。好不容易回到了家,"奶奶,现在是假期,让我自由安排自己的事情,好吗?"皮皮推开卧室的门,把奶奶的唠叨全部关在了门外。

后来,皮皮向爸爸诉苦:"爸爸,我觉得奶奶不怎么喜欢我,她一直在批评我。今天从我睁眼她就在唠叨我。""奶奶怎么会不喜欢你呢,她的出发点都是好的,都是爱你。"爸爸听皮皮说完早上的遭遇以后,只能这样解释一番。他心里知道皮皮的感受确实不好,因为自己也是这么过来的。

皮皮根本不买这个账,"爸爸,我没有觉得这是关心我,我觉得奶奶一直在抱怨我,你说关心应该是什么样的?"这是一个好问题,皮皮爸爸也问了问自己,究竟什么才是关心呢?

莫老师小贴士

在我们的生活中,有时候会听到"这些都是为你好",这样的语言无法让人准确抓到对方的关心,反而有些时候会觉得不舒服。要从爸爸妈妈做起,教孩子们学会合理表达关心的方式。就像瑞吉欧课程理论体系的创始人马拉古奇在《孩子的一百种语言》中所提到的:"孩子有一百种语言,一百双手,一百个念头,一百种思考、游戏、说话的方式,还有一百种倾听、惊奇和爱的方式,有一百种欢乐，去歌唱去理解……"儿童表达这个世界的方式千奇百种，我们要学习从孩子的角度出发去理解他们的语言，越过成人与儿童之间的界限去探索儿童、发现儿童、理解儿童。

那么对儿童而言，"语言"不仅指他们用嘴巴发出声音所说出来的话，也包括了他们表达自己内心想法的其他方式。所以，表达关心的方式在儿童的世界里也有一百种，甚至超过一百种。出发点是"为你好"却让人感受很糟糕的语言，是孩子们内心不想去学习模仿的那一种。

倘若在此过程中缺少了父母的引导，孩子们就会认为这种表达方式说不定才是对的。缺乏父母对于儿童语言的支持，他们逐渐就会去模仿那些曾经让他们心里并不是很舒服的语言表达方式。有的孩子所说的话，听起来很像成人化的语言，就是儿童强大的模仿能力起了作用。

所以在学龄前阶段，爸爸妈妈有义务教孩子使用恰当的语言表达形式。在《3～6岁儿童发展指南》中，对儿童的语言发展的要求是：能够认真听明白他人的话并且能够听懂；愿意用清晰的语言表达自己；具有文明的语言习惯。能够用恰当的方式来表达自己的关心，也符合《3～6岁儿童发展指南》中关于能够在恰当的情景使用恰当的语言来表达这样的要求。

情景：

皮皮爸爸和皮皮妈妈进行了一番激烈的讨论后，他们认为表达关心的第一要素应该是说的话不会让对方感到反感。那么如何告诉皮皮怎么能让自己的话不使人觉得烦呢？皮皮爸爸说：

"你说，如果自己听到别人说我说的这句话会觉得不舒服，是不是就能够考虑一下这并不是一种合适的表达方式？""太绕口，皮皮听不懂。"皮皮妈妈倒是言简意赅。"那给皮皮说，我们直接去表达自己的关心，不去指责别人，你觉得怎么样？"皮皮爸爸的第二个主意听起来稍微靠谱一些。"可是怎么解释什么叫作指责呢？"皮皮妈妈提出了疑问。"简单啊，就是你说的话如果让对方觉得你在批评他，这个就是指责。"皮皮妈妈有点费解了，"可是他又不知道对方怎么想。""如果你说的话，别人也这样对你说了，让你觉得别人在批评你，那就是你在批评别人了。"皮皮爸爸越解释越心虚，好像更说不清了。"要不，咱们问问皮皮？"

皮皮爸爸送走了爷爷奶奶以后，问皮皮："平时你觉得爸爸妈妈爱你吗？""爱啊！""那你为什么觉得爸爸妈妈爱你啊？""因为你们两个会告诉我你们爱我啊，你们会说'皮皮我好爱你'，然后妈妈会抱着我亲亲，你会把我举起来转圈圈，还带我吃好吃的，给我买衣服，带我出去玩，我觉得都是爱我的表现。"

皮皮爸爸觉得皮皮的思路跟他们昨晚讨论的好像不太一样，皮皮更关注他们做的事情或是直接的语言。皮皮爸爸和皮皮妈妈又讨论了一番，得到了这样的结论：

一是有话直说，直接表达出自己的关心。例如，"皮皮你去姥姥家一周，爸爸会好想你，你要记得给爸爸发视频哦。"这样就是关心。"皮皮你去姥姥家一周，知不知道每天要做什么？你是大孩子了，爸爸不要求你，你自己要记在心上，每天要记得给我和你妈妈打个视频电话。"这样就是念叨。

二是用温柔的语气陈述自己的期待。例如，"皮皮出门要记得带伞哦，妈妈怕等会下雨会淋湿你。"这样就是关心。"皮皮你是不是看不到窗外打雷闪电的，下雨了不知道带把伞吗，我看等一下你出去玩下大雨了怎么办！都4岁了非要出去玩，讲什么都不听，非要出去。"这样的话就是埋怨。

三是用行动表达自己的关心和爱。例如，"妈妈看到你的雨衣坏了，给你重新买了一件你喜欢的。""皮皮回家啦，饿了没有，今天做了你爱吃的菜。""皮皮，来让妈妈抱一抱。""这是爸爸特意给你买的礼物哦。"这些都是关心。而"拿去，我顺路买的，不喜欢就扔掉。"这就是让人很不舒服的关心。

四是能够认真倾听家庭成员的对话，能够记住家庭成员的心愿，不随便打岔。

五是当别人喜欢的东西你不喜欢的时候，不要当面说这个东西不好，哪怕你是出于关心。

六是不要随便否定别人的劳动成果。

◎ 莫老师小贴士

其实这么看起来，关心人还是很容易做到的，之前皮皮爸爸所纠结的无非就是"有话直说"和"推己及人"。我们以为孩子不懂，其实孩子心里知道怎么样是好、怎么样是不好。我们表达爱的方式不局限于前面举例的六种，能够为家人贴心准备生日礼物，能够在爸爸妈妈累的时候给他们捶捶背，这些都是日常生活中爱和关心的体现。

本章内容都围绕儿童发展五大领域的"语言发展"展开，包括我们的口头语言和肢体语言。肢体语言就是刚才皮皮一家总结的表达关心的行动，皮皮说的爸爸妈妈的亲吻和拥抱等。虽然这个世界的语言有百余种，但是对于如何表达关心，如何表达爱意，肢体语言却又那么相似。

　　所以，你们看，语言就是这么神奇。它存在于我们的行动里、我们的话语里，也在我们的心里。想关心一个人就只说关心的话，想表达对一个人的关心就做出对应的行动。关心就是这么简单！爸爸们学会了吗？

02　合理表达自己的心理需求

情景：

眼瞅着皮皮的小班生活就全部结束了，暑假就要来啦。皮皮妈妈计划着不能浪费这个暑假，要带皮皮出去旅行，也要根据皮皮的兴趣报一些兴趣班！大把的时间可以让皮皮充实自己，想着就很美好。还没放假呢，皮皮妈妈就已经和兴趣班的老师约好了试听课的时间。这里的课五花八门的，有钢琴、格斗、跑酷、戏剧、乐高，还有一个编程。亲子研学的项目皮皮妈妈也去咨询了，什么文化探索、手作体验，还有野外探险。光是看到皮皮妈妈拿回家的传单，皮皮的头皮都有一些发麻。

其实皮皮偷偷给爸爸说过，他的暑假其实不想去哪，就想去姥姥家玩。很久没有见到姥姥姥爷了，皮皮想他们了。那么多兴趣班，皮皮真正感兴趣的只有格斗和编程，但他也不想去，又不知道怎么告诉妈妈。看着妈妈兴高采烈的样子，皮皮只能硬着头皮说："太好了妈妈，谢谢妈妈。"

　　平时在家确实也是皮皮妈妈说了算的时候比较多，皮皮爸爸呢一直以来也是什么都听皮皮妈妈的，很少提出自己的意见。皮皮爸爸一个劲地用手轻推皮皮的后背，也一直在使眼色，可是皮皮就是开不了口。

　　皮皮妈妈也捎带安排了皮皮爸爸，"我们定好出国游学以后呢，你干脆请个年假，和我们一起去。咱们俩也很久没有出去玩了，正好我们一起带他出去见见世面。莫老师也说了多带孩子出去走走，你觉得怎么样？你怎么不讲话了。"皮皮爸爸清了清嗓子说道："我觉得是这样的，咱们说了不算，还是要看儿子愿不愿意出去，你说是不是？而且我这个年假也不是这么好请的，手头的项目还没做完，走了不太好。"

　　"你是不想去吧！"皮皮妈妈倒是听出了他的言外之意。"对，我不想出国玩，我觉得国内挺好的。"皮皮爸爸心一横就说了。没想到皮皮妈妈并没有发脾气，"那我们问问皮皮，看看他想去哪里。"皮皮超级小声地说了一句："我想去姥姥家。""可以的嘛，那我们就去姥姥家呗，爸爸去不？"妈妈答应得非常爽快，这让皮皮爸爸感到非常诧异。"我就说你们两个今天看起来怪怪的，是不是不想去又不敢说？"皮皮妈妈这先发制人的提问让爷儿俩沉默了一会儿，然后齐声"嗯，嗯"。

🎯 莫老师小贴士

　　很多时候，我们因为害怕表达自己的想法引来他人的不满，特别是这个"他人"是我们的父母的时候，我们会选择默默服从。

当然，能够察觉到对方的情绪，能够考虑他人的情绪和感受，这是幼儿的社会性品质在进步的表现，这部分会在后文中进行展开。由于幼儿的社会性逐步发展，他们慢慢掌握了面部表情与情绪之间的关联性以后，便会做出一些利他性的事情。所以会出现"想说不敢说""不敢表达自己的真实需求"这样的情况。逐步也会过渡到因为害怕家人生气或者批评自己，所以选择隐瞒部分事实；害怕家人失望的神情或是害怕失去家人的疼爱，所以选择委屈自己的需求、忽略自己的感受。

作为父母，我们的义务是告诉孩子如何用合理的方式去表达自己的需求。这份"合理"指的是用对方能够接受的方式与态度去告诉对方自己的想法，而自己的"需求"则包含了内心真实的想法、情绪与感受。在此之前，要告诉孩子不论如何，你们对他/她的爱都不会减少，要让孩子有足够多的安全感愿意和你们分享他/她的需求、想法和感受。

情景：

如何教会皮皮要去尊重自己的情绪、表达自己的需求和感受呢？这件事情对皮皮爸爸来说仍然有一些难度，因为皮皮爸爸的人生经验就是大事化小、小事化了，尽量少给自己惹麻烦。回想起自己为什么不敢去说这个的源头，恐怕仍然是自己的想法似乎对父母而言从来都不重要，就算说了也没有人会听，自己也就不肯再自讨苦吃去说出自己的想法了。

但是现在要教皮皮学会勇敢表达，这真的太难了。倘若当年自己的父母能够尊重自己的想法，能够说出一句"我爱你"之类的话，恐怕自己还是敢说出来自己的想法吧。

那就告诉皮皮，无论如何，请他和爸爸妈妈分享他的想法，我们一定会永远爱他，也会尊重他说的话。皮皮爸爸心里是这样想的。

下一步又可以做什么呢？就像之前皮皮不敢说，怕妈妈伤心，我替他说了不想去，这样的方式合适吗？或许要让皮皮妈妈多鼓励他，让他不要感到害怕，还要告诉他说实话妈妈不会难过或者失望，因为我们是在一起讨论这件事，不是一个人说了算。

接下来，如果皮皮说不清该怎么做呢？我们是不是可以用提问的方式引导他说出来，看哪个选项更接近他的想法？皮皮爸爸今夜的心理活动格外活跃，这也是他当爸爸以来第一次认真思考在面对自己的缺陷和弱点的时候，如何给孩子做一个好榜样。

🎯 莫老师小贴士

从皮皮爸爸的心理活动，我们仍然能够提炼出很多重要的信息。

（1）当孩子还不具备表达自己想法的勇气的时候，家长可以使用包容与接纳的方式告诉孩子："我们爱你，我们愿意听你说。"这样可以让孩子知道你们的态度是积极的，你们愿意聆听他/她的内心世界，让孩子对你们充满信任。

（2）需要家长使用暴露自身想法与情绪的方式鼓励孩子，"没关系的，爸爸妈妈不会觉得失落，不会失望、不会生气，你说你的想法就好，我们不会责怪你。"这样可以打消孩子心里的恐惧，减少他们对这件事产生出不良想法的猜测。

（3）需要家长使用引导式的半开放的提问法，去猜猜孩子的内心情况究竟是什么。例如，"皮皮，你是不是不太想上这么多的辅导班？因为妈妈报太多了。""皮皮，你愿不愿意从这么多课里面挑出你想去尝试的呢？"这样可以帮助孩子在思维相对混乱的时候捋清自己想表达的内容。

（4）需要家长向孩子强调你们是在一起讨论一件事情的解决方案，没有谁可以独自做决定。他／她作为家庭的一分子，想法也至关重要。这样可以告诉孩子，他／她在家中的地位与父母一样，都是平等的。这样可以减轻孩子心理上对父母权威性的服从感和受压迫感。

（5）需要家长使用积极的肢体语言，用拥抱或者其他加油打气的方式，鼓励孩子表达自己的想法和情绪，并且及时安抚孩子的糟糕情绪。例如，皮皮妈妈听皮皮说完只想去格斗课和编程课以后，把皮皮紧紧抱在了怀里，"我的皮皮刚才一定很慌张，因为要上那么多课。现在好啦，我们商量好了只上两种，都是你喜欢的。"皮皮爸爸把皮皮妈妈和皮皮都搂在了怀里，"皮皮你真棒，能够勇敢说出自己的想法，真棒！"

如果孩子能够在父母的鼓励之下说出自己的需求，父母一定要及时鼓励他的行为，这样才能让孩子知道，这件事在父母眼里是一件很不错的事情，自己以后也愿意尝试。另外，既然听取了孩子的观点，一家人达成一致就切记不能随便反悔或者改变，这样会让孩子产生"怀疑""不信任"的念头。他们会觉得反正说了和白说一样,爸爸妈妈就是做个样子,永远不会认真听他们说的话。所以，请各位爸爸妈妈一定要遵守家庭的承诺！

03　我学会说"不"了

情景：

皮皮在暑假如愿以偿去学习了编程课，通过编程语言计算出的结果，让皮皮既吃惊又着迷。皮皮对搏击课也很感兴趣，这让他无处安放的精力得到了很好的释放。只不过唯一让他苦恼的是，搏击课的老师有一些强势，老师并不会像爸爸妈妈一样很温柔耐心地跟他商量，他说什么孩子们只能服从。

比如说今天的课上，皮皮体力有一些透支。他举手说："大力老师，我没力气了，我想休息。"可是大力老师对全班小朋友说："我们搏击讲什么？是不是讲的拼搏？是不是讲的坚持？""是！""我们能不能放弃？""不能！""那我们累了怎么办？""坚持！"这样的对话让皮皮感觉很糟糕，他只能硬着头皮继续训练，"爸爸说让我学会表达自己的需求，可是大力老师不理会我。"

还有就是他不喜欢大力老师总是开玩笑说皮皮像个女孩子一样，只有皮皮动不动就打报告说自己累了，一个小男孩比女生都娇气。他也不喜欢比他大的男孩摸他的头。他觉得这样很不礼貌。在皮皮小声说了几次"你不要摸我的头"以后，那个男孩子更加肆无忌惮了，还说："皮皮你像个女生一样，哈哈。"

皮皮的小拳击手套还有头盔护具都是爸爸让皮皮爷爷特意加工过的，小手放在里面一点也不会觉得硌手，也不会那么闷热，皮皮非常喜欢。就是每次上搏击课总有小朋友要用他的护具，每次他休息的时候就有小朋友过来借。可是皮皮真的不想借别人，所以不管是不是在休息，他的护具拳套根本不脱下来。一来二去皮皮又生气又委屈，回家把拳击手套一扔，"爸爸！我不想去练拳击了！我要烦死了！"皮皮爸爸头一次看到皮皮这么生气。

对皮皮爸爸来说，他觉得拒绝别人是一件很麻烦的事情，不论是拒绝不合理的指令，还是拒绝别人的请求，这个"不"字如鲠在喉很难说出来。皮皮也是一个脸皮薄的小朋友，他努力表达了几次自己的想法以后如果别人仍然要这么做，他也没办法只能躲开。虽然深知拒绝不合理请求和行为的重要性，可是这真的太难了。

莫老师小贴士

小孩子要学会懂得遵守礼仪，学会谦让，做一个大度之人。然而一味让孩子隐藏自己的需求，来谦让长辈、谦让其他人，同样不利于孩子心理健康的发展。在上一节中，我们陈述了要让幼儿学习如何表达自己的需求和真实的感受，那么本节就要重点展开如何教一个孩子学会拒绝，如何把"不"字说出口。

首先，要思考的问题是，什么情况下孩子是可以拒绝他人的，对孩子来说，说"不"的方式又有哪些。

其次，是如何帮助孩子克服对拒绝他人觉得不好意思、为难、说不出口、难堪等情绪。

最后，是陪伴孩子去体验有效拒绝之后身心的直观感受。

情景：

皮皮爸爸找莫老师进行了简单的了解以后，他试着和皮皮一起去找解决这个问题的答案。对他而言，他很担心拒绝了别人的请求以后，就会因此失去一些朋友，或者是给自己带来不好的后果。其实皮皮爸爸也不是特别清楚什么情况下能够拒绝，所以他搬来了豆豆爸爸这个救兵，两个人好好讨论了一番。豆豆爸爸说："小时候我的作业还没有写完，家里说别写了快过来帮忙，去把地里的菜收拾出来。在他们眼里好像学习是最不重要的事，家里的大小家务才是最重要的。"皮皮爸爸说："这没啥大不了的，自己的父母希望自己可以照顾亲戚的孩子，还让亲戚家里读中学的孩子来家里住一段时间。"这让豆豆爸爸的眼睛都瞪大了，"这个要求太不合理了吧？要你照顾亲戚的孩子？还让别的孩子住你们家？"皮皮爸爸很无奈地耸耸肩，"我也说了不合适，家里还有皮皮，没精力照顾别人的孩子，还好皮皮妈妈态度非常坚定，说绝对不同意。"

"还有啊，隔壁老李家，他之前找我借钱，说投资赔了需要周转。我问他差多少，他说希望我能借他40万元，我说别说40万元了，40块钱我都要找我老婆请示。"豆豆爸爸说，"我建议他跟他媳妇实话实说。你猜他说什么？他说'不借就不借，你就当没这个事，你要是告诉我媳妇，咱俩这个兄弟没得处了'。我觉得太不可思议了。"这下换皮皮爸爸震惊了，"其实还有的时候，比如上班很累了，领导非要让全员周末团建。我寻思这是不是也可以拒绝？我每次去内心都特别挣扎，特别抗拒。""对对对，自己不想做的事也可以拒绝。"豆豆爸爸表示认可。"那回头孩子说，我不想写作业，我拒绝写作业咋办？""嗯，所以得说清楚什么是非必要做的事，而写作业是自己的责任，是必要的事。"

🎯 莫老师小贴士

总结一下皮皮爸爸和豆豆爸爸讨论的内容，将第一个问题"什么情况下可以拒绝"，分成以下四点：这个请求超出了自己能够承担的能力范围；这个请求非常不合理，是一个错误的要求；这个请求是希望自己能够替他人承担责任或是包庇他人的过失；自己并不想去做这一件事情，内心感到很抗拒。

当我们告诉孩子要拒绝的时候，就要结合孩子的日常生活来举例说明，要让孩子结合自己的实际经历来看什么情况下是可以拒绝的。

推荐一个适合全家人一起玩的小游戏，制作三个圆牌道具，一个圆牌上面画一个红色的叉，一个圆牌上面画一个绿色的勾，一个圆牌上面画一个黄色的问号。绿色代表可以做这件事，红色代表要拒绝，黄色代表不确定。然后爸爸妈妈和孩子讨论完一个问题以后，每个人手拿三个牌子，轮流说一个请求，看看大家都会举什么牌。这样可以增加对不同情景是否应该拒绝的理解。

情景：

皮皮一家围着客厅的地毯坐成了一个圈，皮皮爸爸给皮皮讲解举牌的规则。"皮皮，我想请你帮忙洗碗！"皮皮举了红色的牌。"为什么拒绝爸爸洗碗？"爸爸有一些失落。"因为爸爸你说了，内心不想做这件事时可以拒绝的呀，今天我不想洗碗。"皮皮的解释好像很合理。皮皮妈妈说："当你走在路上，有个人说，我看你长得好像我小时候的好朋友，你让我看看你的屁股上是不是有胎记好不好？"皮皮和爸爸都举了红色的牌子。

皮皮爸爸说："你走在路上的时候，有一个老奶奶问你去幼儿园的路怎么走，你要不要帮她？"皮皮举了绿色的牌子，但是皮皮妈妈举了红色的牌子，"我觉得你可以指一下往哪里走。"

皮皮说："到我说了，到我了！我想请妈妈帮我叠一下我的衣服！"不出所料爸爸妈妈都举了红色牌子。"为什么不可以，你们不愿意帮我吗，这件事超出你们的能力范围了吗，爸爸妈妈不爱我了吗？"皮皮感到有一些委屈。"皮皮，这是你自己的责任，我和妈妈不想替你承担责任哦！"就这样，这个游戏进行了好几轮，皮皮也觉得很有意思。

只不过皮皮有一个疑问："爸爸妈妈，我不能带这个牌子去搏击课啊，我还是不想去上课。到时候小朋友又要乱拿我的东西。"皮皮爸爸陷入了再一次的困惑，也是，和豆豆爸爸吐槽不合理的请求吐槽了很久，唯独没有说明白应该怎么拒绝这件事。

皮皮妈妈把洗好的水果递给皮皮，"皮皮，你是不是不知道应该怎么说啊？在家里我们玩游戏用的是拒绝牌，那你看看拒绝牌上面的画的叉叉，你能不能用你的手做出来呀？"皮皮把两只胳膊交叉过来，果然就是一个叉了。"妈妈觉得，拒绝别人可以说'我不想，我不愿意这么做'，比如我不想借给别人，或者是我不愿意让你碰我的身体。你可以用胳膊比画出叉叉告诉别人我在拒绝你。"皮皮爸爸有了灵感："你还可以说，我不喜欢你这样做，我不喜欢你拿我的东西，我不喜欢你摸我的头。""那老师不让我去尿尿怎么办？"皮皮还是不知道怎么办，"我怕老师生气。""这样吧皮皮，你就说老师我必须去上厕所。如果老师还是不准你去，你也憋不住了，你就说你必须去上厕所了，憋不住了。但是回来后告诉爸爸妈妈，我们去跟你的老师沟通。你看这样好不好？"皮皮爸爸提出了建议。

"皮皮，你是不是担心老师生气不喜欢你了，但是妈妈觉得这是你的正常需求，是正确的。而且你举手了，你没有打扰老师上课，你也没有一节课去很多次厕所对不对？"皮皮妈妈安慰着皮皮，"你试试看嘛，下次别的小朋友再拿你东西的时候，你试试用咱们商量的办法拒绝他好吗？但是你的态度一定要坚定一些！""好吧，我试试看吧。"皮皮勉强答应。

第二天的搏击课结束以后，皮皮神采奕奕地回家了，"妈妈，太有用了，我很严肃地告诉小朋友，我不喜欢别人用我的护具，我不想借给你们。他们说'那好吧'，也没有不理我，也没有打我！真让人开心。"皮皮爸爸把皮皮举上了肩膀，"我的儿子敢尝试拒绝了，真是太棒了！"

莫老师小贴士

对幼儿来说，让他们迈出拒绝这一步绝非易事，他们的顾虑不比成年人少。所以各位爸爸妈妈一定要提前在家里和孩子进行模拟，然后让孩子练习如何用恰当坚定的语气拒绝别人。等他们熟悉以后，面对外人才不会因为局促不安而被迫同意。

爸爸妈妈可以继续模拟发出请求的情景，如果孩子还不知道怎么说，可以让爸爸妈妈进行模拟示范，直到孩子熟悉以后再让孩子进行模拟练习。模拟不同的情景可以帮助孩子熟悉一定的语言技巧，这就好比儿童之间经常玩的过家家这个游戏，让他们使用游戏过家家的方式来假扮不同的情景进行对话。直至这样的情景真实发生的时候，也能够相对有自信去应对了。

当孩子迈出说"不"的第一步的时候，爸爸妈妈一定要及时给孩子鼓励和肯定，并且关注孩子的感受变化，让他/她意识到拒绝别人以后的心情是多么轻松，并不会像自己猜测的那样发生很多糟糕的事。这样的话，才能够培养孩子对拒绝不合理请求这件事的自信心，他们才能更多关注到这个请求是否是自己愿意去做的，是否符合自己的内心需求。尊重自己的内心，才能让幼儿不去委屈自己，从而获得幼儿阶段的心理健康。

04　跟着爸爸学习语言逻辑

情景：

暑假就快结束啦，皮皮开学就是一名中班的小朋友了。听星星老师说，中班比起小班有些不一样，因为中班的小朋友的活动更加丰富多样，游戏也会更有难度一些。因为中班的小朋友已经有一年的学习经验，所以每一个领域都将迎来新鲜的挑战。对皮皮来说，他所面临的最大困难可能就是讲故事环节的语言逻辑性。

虽然皮皮平时和大人聊天的时候，说话好像头头是道，但是每每到了星星老师让小朋友们自由发挥编故事的时候，皮皮的故事总是有一些奇怪。比如他会说："明天妈妈就答应小朋友去吃他最喜欢吃的汉堡包，可是呢就被啊呜一口吃掉了。"星星老师问他，"嗯？明天答应的吗？"皮皮说："是之前答应的明天去。"星星老师又问："谁被吃掉啦，是小朋友吃掉了吗？"皮皮说："不是的，汉堡包被小朋友的爸爸吃掉了，所以小朋友很伤心就大哭了起来。""小朋友的爸爸也一起去了吗？""对的，爸爸平时经常一口就把小朋友的东西吃掉。"

这样的故事总让星星老师摸不着头脑，不知道为什么皮皮在生活中的语言表达能力很棒，能够有理有据去陈述他想说的事情，但是编故事呢就是有一些凌乱。不仅是皮皮，好多小班的孩子在生活中的对话没有太多的逻辑性，词汇量也不够丰富，或者换个角度说，他们的逻辑和成年人的逻辑好像不太一样。

就像有一天一个小朋友的妈妈在群里问："嘻嘻说星星老师不爱她了。"这给星星老师吓了一跳，追问了好几轮才知道是因为自己那天说周六周日不上幼儿园，然后嘻嘻理解的是不来幼儿园了老师不爱她了，来幼儿园老师才爱她。嘻嘻妈妈说："不好意思啊老师，我们家嘻嘻说话总是一段一段的，也说不明白，添麻烦了。"

"这都是哪儿跟哪儿啊！"星星老师这一年多少有一些无奈。

🎯 莫老师小贴士

在幼儿园小班这个阶段，他们的语言表达能力相较于 3 岁以前的儿童有了显著的提升，特别是说话能说清楚了，能把一句完整的话很好地说出来。在家长的印象中，幼儿先是会说很多叠词，然后会说一些简单的短语，再过渡到会说一些简单的话。例如，宝宝饿了，宝宝想玩。这中间还伴随着孩子进行大量的模仿，成人说什么，他们就会跟着学最后几个字。

当幼儿进入小班以后，随着与同龄孩子之间的接触更为密切，他们练习说话的机会也远远超出在家里的前三年。所以在这个阶段，他们的词汇量得到了显著的提升，只不过逻辑关系嘛，确实还不是很清楚。所以对于中班的幼儿来说，要求他们能够使用有逻辑关系的语言来表述自己的想法，例如，能够知道昨天是已经发生过的事，今天是正在发生的事，明天是将要发生但是还没有发生的事。能够知道因为小朋友摔跤了很疼，所以小朋友哭了。对于大班小朋友的语言表达能力的要求则是他们能够使用更多的复杂句，能够使用更多的形容词和副词以及其他高级词汇，能够学会不仅、而且、仅仅等复杂句的表达规则。能够通过观察图片中的人物表情，结合图片中的环境，编一个具有因果关系的小故事。

那么儿童的语言能力是如何获得的呢？这也是很多家长所关心的问题，答案就是输入与输出的关系。当孩子们听了更多更丰富的语言表达方式以后，这些词汇、语句都会印刻在幼儿的脑海中。当他们表述能力和灵活性逐渐提升以后，他们会开始从大脑中提取与一个物品有关的信息。

例如，A 小朋友的爸爸妈妈的话比较少，说话方式比较简单，B 小朋友的爸爸妈妈词汇量比较丰富。他们都见到了一个苹果。A爸：你看！一个苹果。B爸：宝贝你看，这是一个红彤彤的苹果，它是圆形的，上面还有一片小叶子。你摸摸看，苹果是硬的还是软的啊，是硬的对不对？但是硬苹果放一段时间会变软哦。你吃过苹果的，是甜甜的味道，有的苹果是酸甜的味道。

A 小朋友收获到关于苹果的有效信息是，那个东西叫作苹果。而 B 小朋友收获到的有效信息则是，名称：苹果；形状：圆形；外貌特征：红色；有叶子，摸起来是硬的，会变软，有的是甜的，有的是酸的。

　　这个信息告诉我们，如果想要让孩子的语言的词汇量丰富，那就要让孩子多听家长是怎么去描述这个世界的。同样，如果想要让孩子的语言逻辑性更强，也需要家长在平时和孩子说话的时候，多使用有逻辑性的话语，帮助孩子了解前后关系是怎样产生的。

　　当然，由于孩子年龄尚小，所以小班的孩子说话前后颠倒，没有办法捋清楚逻辑关系都是正常的。比如皮皮在编故事的时候，由于这个故事并没有真实发生过，所以皮皮暂时还不能够很好地进行语言之间的衔接。

情景：

　　皮皮爸爸感到很疑惑，为什么皮皮平时说话都很清晰，到了编故事的时候就出现颠三倒四的情况呢？莫老师说可能是因为皮皮在脑海中编造的故事，并不是自己的亲身经历，所以会出现逻辑混乱。也有可能是因为他对前后关联性的理解还不是特别到位，比如之前提到的"昨天、今天、明天"，他不确定代表的含义究竟是什么。毕竟在生活中，皮皮会说："我爸爸妈妈带我去了迪士尼，他们说以后还要带我去环球影城。"这样的说法并不会涉及具体的时间点或是其他关联性。所以，莫老师建议皮皮爸爸可以用手偶来帮忙，和皮皮好好捋一下"昨天、今天、明天"的故事。

　　皮皮和爸爸各自扮演了一个小手偶，这个故事的开始是由皮皮想出来的。"今天中午我们幼儿园吃了大虾仁，美味极了！你们幼儿园吃了什么呢？"皮皮的手偶展示了自己吃饱饱的小肚皮。皮皮爸爸的左手手偶说:"大虾仁! 听起来太美味了! 我们也吃了!"皮皮爸爸的右手手偶拍了一下左手手偶:"你说错了,我们今天吃的是黄焖鸡, 今天的菜没有大虾仁! 你应该说我们昨天也吃了大虾仁。"皮皮的手偶说:"我昨天也想吃黄焖鸡!"皮皮爸爸的右手手偶拍了一下皮皮的手偶:"昨天是发生过的事情,你应该说明天!"皮皮手偶:"你为什么总是打人,这样一点都不礼貌!"

皮皮爸爸的右手手偶说:"对不起皮皮! 我不打人了,可是你的愿望还没发生,不应该是昨天,昨天是已经发生过的事情,我给你看一个魔法道具! 皮皮爸爸的右手手偶拿出了一块磁力黑板,上面画了一条长长的线,用吸铁石分成了三段,还用一根小棍子指了指最左边的格子说:"这个叫作已经发生过的事情,比如我小时候去过迪士尼。中间叫作今天发生的事情,比如今天我吃了虾仁。右边叫作以后会发生的事情,意思就是还没发生过,是你的愿望,比如我想以后吃黄焖鸡,我想明天吃黄焖鸡。"

皮皮有点明白又有一些不懂,"不就是昨天是做过的事,明天是还没做的事,还有一个是今天做的事嘛。"皮皮爸爸的手偶说:"看来皮皮知道它们的含义啦,那爸爸昨天要去睡觉了。"皮皮的手偶:"你到底说什么时候睡觉? 怎么听着这么别扭呀。你马上要去睡觉吗?""对呀,我马上要去睡觉了""那你不可以说昨天,你昨天睡的是昨天的觉,马上要去睡的是今天的觉。"皮皮当起了小老师。"好的,皮皮老师,我明天要睡觉了。""你这个爸爸,明天还有明天的觉要睡,你就说你要睡了就可以了,你睡的是今天的觉!"看来皮皮弄明白什么叫作"昨天、今天和明天了"。

莫老师小贴士

　　像皮皮爸爸对皮皮用到的方法叫作手偶剧，家长可以用不同的手偶或者指偶进行对话，来帮助孩子捋清楚他们不明白的逻辑关系。这个方法的核心要点是一定要多举例子，要让孩子试试举一反三，要让孩子也去判断这句话是否正确。有的家长会认为孩子才四五岁，多可爱呀，没必要这么正经地和孩子进行聊天。儿童语言发育的典型特征是强烈的模仿性，如果爸爸妈妈在孩子人生的前五年都一直使用婴儿语言或是儿童语言，孩子自然也无法了解到语言的高级使用形式。所以建议各位爸爸妈妈在孩子进入托班开始（3岁左右）就多和孩子使用更为丰富准确的语言表达形式。

　　拓宽儿童语言逻辑性的方式还有很多，如家长的榜样示范、观看动画片的时候引导孩子学习其中的语言逻辑、过家家的游戏、模拟超市买东西、运动游戏、阅读绘本的时候进行对话等，这些都是促进孩子语言逻辑性发育的良好方式。

　　提升孩子的语言表达能力、语言逻辑性的核心点就是多说、多沟通，多使用丰富的词汇、复杂句和准确的逻辑关联词，相信爸爸妈妈们都不难做到。

第

七

章

和爸爸一起做社交小达人

01　超市狂欢节

情景:

　　自从读了中班以来，皮皮爸爸发现皮皮的游戏形式确实很多样了。小班的时候来来回回都是相似的故事环节和套路，过家家的主题也就那几个。玩游戏车呢，也就是把车子用力滑出去，看车子可以跑多远。要么就是在家和皮皮爸爸玩各种各样的单项体育游戏。运动会的抛球他的新鲜劲都还没过去，恨不得每天都和爸爸扔几回合。昨天皮皮回来说他们玩了一个机器人大战金刚的游戏，演示了半天才明白是一个人扮演机器人、一个人扮演大猩猩金刚，然后两个人进行摔跤比赛，一群人玩得不亦乐乎。

　　今天皮皮放学回家，又带回来了新的游戏，这个游戏的名字叫作超市狂欢节。在皮皮的描述中，星星老师又做了一个新的玩耍的场景，有一个收银台，和便利店一模一样，还有很多货架，上面摆满了小朋友爱吃的零食，比如巧克力，有奇趣蛋的巧克力、橙子味的巧克力、西瓜味的巧克力。皮皮一口气说了十几种不同的巧克力，皮皮爸爸心想："你这个小皮皮，最爱吃巧克力了，我们可都心里很清楚。"

"皮皮，都是假的零食吗？"皮皮妈妈故意逗他。"不是的，都是真的，就是超市里卖的那种，可香了。"皮皮深吸了一口气，"妈妈，我不骗你，那个超市可美味了，我们在幼儿园吃了很多很多零食，都吃饱了。""真行，居然学会了美味这个词。"皮皮爸爸小声说："星星老师真的买了那么多零食？"皮皮爸爸觉得非常不可思议，直到星星老师在家长们的呼吁下发了那个所谓超市的照片。"啊，用包装纸粘在纸壳上做的啊，怪不得皮皮一直强调是真的呢。"皮皮爸爸乐出了声，因为他真的以为老师买了很多零食放在教室里。只不过，为什么幼儿园老师经常让孩子们玩过家家的游戏呢？

莫老师小贴士

这就要说到过家家这个风靡全世界的儿童游戏，对儿童发展的帮助十分显著。这个游戏除了可以极大程度锻炼幼儿的语言表达能力以外，还能够提升幼儿的社会性能力的发展。社会性就是五大领域中的第四类，培养儿童适应这个社会的能力、遵守社会规则的能力、融入这个社会群体的能力。此类型的游戏就是儿童日常生活的一个情景再现，他们能够不断在这些场景中学习如何去和人社交、社会的基本规则是什么样的。比如说在星星老师准备的这个超市，孩子们就要学习如何去买东西，怎么付款，怎么询问商品，等等。

　　那么这些"熟悉"的场景，更多时候只是幼儿的父母带他们去过的一些地方，他们并不具备独自在这个环境中自己完成一些行动的能力。他们可能由父母陪同坐过地铁、高铁、飞机等交通工具，但是如果脱离了父母，他们就不知道应该如何继续下去。社会性所培养的一个方面正是儿童在社会环境中的独立性，所以在他们进入真实的社会环境之前，过家家就是非常好的一种锻炼方式。

　　过家家也是爸爸们很容易进行的一种游戏形式，相较于轻声细语讲故事、做手工或是其他类的游戏，爸爸们更乐于去玩一些不需要太精致、比较简单容易学的游戏，而这些游戏也是爸爸们很熟悉的生活内容，因此这可以说是不需要学习就可以立刻上手的社会性游戏。

情景：

　　或许是一下子找回了童年的感觉，皮皮爸爸也很想和皮皮玩一轮超市游戏，晚饭后他带着皮皮走到了超市，拿了一个推车把皮皮放在车里。"皮皮，爸爸也带你玩一个超市狂欢节的游戏，只不过我们的游戏是真实的！爸爸说开始，就会推着你在超市里面走，你想要什么就自己拿了放在车里。只不过爸爸不会停下来，也不会帮你拿。你想不想挑战自己能够拿多少喜欢的零食呢？"

　　这个提议让皮皮两眼放光，岂不是可以买很多很多的巧克力，太好了。随着皮皮爸爸开始缓慢推动推车，皮皮的两只手就没有闲着。他发现自己坐在推车的儿童座上有一些局限，好多东西都够不着。还有就是爸爸走路的速度还是有点快，自己都没有看完，爸爸就已经走过去了。第一轮结束以后，偌大的购物车里居然只放了两包薯片，这让皮皮有点懊恼。"爸爸，我觉得你走路的速度有点快，我都看不清放了什么，我怎么知道自己是不是喜欢、会不会想吃啊？"皮皮的建议倒是很合理。"那这样，因为坐在儿童座上是超市的规定，所以你还是只能坐在这里。但是爸爸每到一排的时候停留 30 秒让你观察可不可以？另外爸爸决定一排货架走两次，这样你就有足够多的时间去拿啦！"

听起来还不错，皮皮和爸爸开始了第二轮挑战。这次皮皮拿东西的速度快了一些，他觉得反正没时间思考，看着喜欢就拿会比较保险。加上爸爸走了两次，皮皮得到的经验就是挑大的、颜色鲜艳的拿。这样一来，购物车被皮皮装了一大半，可是里面不全是零食，由于皮皮没有看清楚到底是什么，就有外包装五颜六色的火锅底料。皮皮爸爸说："咱们的规则是拿你喜欢的零食，所以要先把不属于零食的东西拿出去哦。然后把不喜欢的也拿出去。"爸爸一番操作以后，车里的东西少了三分之二，皮皮看着剩下的那些零食小心翼翼地问爸爸："剩下的都会买给我，对吗？"爸爸冲他使了一个表情，"爸爸会给你买你自己拿得动的。"还不满 5 岁的皮皮拼命往兜里、帽子里装，左手一个、右手一个，怀里还抱两包。数了数，也不过区区 7 样，结账时还没超过 50 块钱。

皮皮爸爸对于今晚的亲子游戏时间非常满意，皮皮说不出哪里不对，拿了 7 包零食也还算满意地和爸爸回家了。"没有购买的商品全部放回了原位，没有给工作人员增加麻烦，今天这个游戏非常成功。"皮皮爸爸给皮皮妈妈说的时候，很是为儿子感到骄傲。

莫老师小贴士

当我们的家里不具备过家家所需的玩具时，我们也可以学皮皮爸爸的做法，把孩子带到超市里，去体验亲子逛超市购买东西的环节，从拿取货品到结账到分类放回商品，都让孩子自己动手尝试，也能够提升孩子的社会适应能力。我们也可以在家里把现成的零食和其他物品摆在茶几上，让孩子假装自己是收银员或者是顾客，进行买卖东西的模拟。这样的虚拟买卖可以拓展出交易环节、按照商品价格进行付款和找零、模拟进货和分类堆放、介绍商品等环节，来提升孩子在购买东西这个情景中的综合应用能力。

有时候家长会向我们咨询，明明带孩子去了很多次超市，就希望孩子能够去问问超市的阿姨想要吃的零食在哪里，他/她都不敢，真的让家长很是不解。其实这就是孩子直接经验匮乏的一个体现，尽管去了很多次，但是从来没有参与过对应的情景，所以他/她不具备解决这个问题的能力。如果在家庭中的模拟购物的游戏中，也模拟一下找服务员咨询商品位置和商品价格的步骤，那么孩子在具备了相关经验以后再去真实的超市，就敢自己去问商品在哪里了。

值得注意的是，一开始的过家家游戏，需要家长多给孩子设计一些情景与环节。比如在上文中提到的咨询商品位置，就需要让爸爸扮演找商品的人，妈妈扮演超市人员。爸爸妈妈先示范给孩子看可以怎么做，再进一步过渡到让孩子独立尝试当超市人员，爸爸妈妈向他／她进行咨询。最后过渡到让孩子自己去咨询商品位置或者进行其他项目的创新。这里幼儿所体现的学习规律就是，先观察父母的行为，然后模仿父母的行为，最后演变成自己的个体行为。

02　疯狂公交车

情景：

去上搏击课的日子总是有一些艰辛，因为没地方停车，不能开车去。地铁呢又要转好几次，不如公交车就在楼下坐着方便。所以每次的搏击课不是皮皮爸爸就是皮皮妈妈带着皮皮进行"百米冲刺"去追赶公交车。

其实每次坐公交车都会遇到的一个情况就是，有时候他们没有座位只能站着，没有人会给皮皮让位置。有时候皮皮有了座位，皮皮妈妈看到有老人上车的时候想让皮皮让给爷爷奶奶坐，自己可以抱着皮皮。可不是每次让座的对象都会说谢谢，这让皮皮妈妈感到郁闷。

最郁闷的就是，每次下课回家的路上人都非常多，皮皮妈妈特别担心皮皮会被挤到自己看不到的地方，所以当她意识到这种危险以后，就都带着皮皮来回打车去上课。

当然她给皮皮爸爸说了自己的顾虑，一方面担心皮皮的安全问题，另一方面也很困扰公交车礼仪到底什么时候教给皮皮。似乎找不到这样的好机会。总不能在有人被让座一声不吭的时候对皮皮说："皮皮，如果有人给你让座呢，你要说谢谢。"这样太让人尴尬了。皮皮爸爸灵机一动，想到了之前的"疯狂超市"的游戏，"你说，要不我们也给皮皮弄一个'疯狂公交车'的游戏怎么样？反正都是模拟的，也不会伤害真实的人，你也不尴尬。莫老师不是说了，要多给孩子设置一些生活化的游戏情景。你觉得怎么样？"

这个主意听起来还不错，只不过究竟规则怎么设置，皮皮爸爸和皮皮妈妈一时半会还没有想好。

◎ 莫老师小贴士

在社会这个领域的目标中，关于社会适应的第二个目标叫作遵守基本的行为规范，需要小朋友们了解到社会生活中的不同规则是什么，如何使用礼貌用语，如何遵守不同的规则等。由于幼儿年龄尚小，他们对于规则根本就是无意识的状态，幼儿园小班的时候，最先开始教的便是规则意识。

那么什么叫作规则意识呢？当一家人吃饭的时候，小朋友了解到吃饭的时候不能够随便跑动，应该坐在自己的位置上，这就是对规则的了解。那么小朋友乖乖坐着吃饭，会告诉妈妈说："吃饭不可以大声说话，要安安静静地坐着吃饭。"这个就是孩子在对自己发出"遵守规则"这样的指令。他/她能够对于规则有所了解，能够作出遵守规则的行为，就叫作规则意识。这样的规则意识训练会从小班开始进行，大约到中班为止，孩子们都能够对规则有自己的理解与认识。规则意识的体现不仅在于幼儿知道在幼儿园应当做什么，哪些事不被允许，怎么样在幼儿园做讲礼貌的小朋友。他们也应当能够了解日常生活中，发生于不同情景之中的规则。例如上一节中所提及的买东西的规则，以及本节提到的"公交车礼仪"。

　　日常生活中，我们时常会见到家长在公共场合训斥孩子。"还没有结账呢！不许拿着跑知道吗？"孩子被一声训斥吓了一跳。"你为什么要在图书馆大声说话？"家长教训孩子的声音非常洪亮。还有一边追赶，一边嚷嚷"商场里不可以跑"这样的家长。那么他们的行为虽然都是在日常生活中教育孩子要遵守规则意识，但是当孩子缺乏相关场景的规则认知的时候，家长的"教育"在孩子的耳朵里就会发酵成为"糟糕、被骂了"，甚至有的孩子会当场产生出恐惧的心理，再也不敢继续尝试。

　　所以，我们建议各位爸爸妈妈们可以在家中先进行虚拟场景的模拟练习，再进入真实的环境进行实践。对于儿童来说，接纳程度会相较于在他们毫无经验的情况下做错的时候批评的效果要好一些。另外，家庭中模拟各种类型的生活场景也是一件相对容易的事情。由于儿童想象力的飞速发展，并不一定都要像上一节中的星星老师那样为孩子创造一个逼真丰富的区角环境。孩子可以通过发挥自己的想象力，和家长一起完成不同的无实物的游戏。

　　对于皮皮爸爸所担心的问题，涉及社会中关于"安全教育"和"公交车的礼仪规范"。我们希望孩子的乘车是安全的，也希望孩子能够在乘车的过程中做一个有礼貌、能够遵守乘车规则的小朋友。

情景：

皮皮爸爸的印象中，皮皮乘坐公交车的次数少之又少，但是星星老师也给家长们说过，尽量带孩子去体验不同的交通工具。尽管目前的出行仍然以开车和打车为主，但是总归要让皮皮知道公共交通到底是怎么一回事儿。所以，他想先从"安全乘车"这个主题入手。"皮皮，今天爸爸来扮演司机，你来扮演乘客。爸爸是一个人形小汽车！现在你要上车啦，请问皮皮想选择哪一种开车模式，温柔模式还是热烈模式？"皮皮爸爸蹲了下来，在等皮皮小乘客上车。"温柔模式吧。""来，那你坐到座位上。"这个温柔座位是爸爸的两只手，向前交叉紧握成了一个圆形，皮皮坐在手臂的半圆弧里，爸爸的胸膛成了椅背。

"乘客已上车，现在是温柔模式。"爸爸像是摇晃吊床一般轻轻晃动着自己的胳膊，"啊？这就是温柔模式啊，这么慢没意思。"皮皮乘客不太满意。皮皮爸爸又叫来了皮皮妈妈，学着机器人的声音说："乘客已升级舱位，请妈妈车一起出动。"这下皮皮爸爸和皮皮妈妈的两只手互相交叉握住对方的手腕，皮皮乘客一条腿从爸爸怀里伸下去，另一条腿从妈妈怀里伸下去。这是传统游戏中的抬轿子的姿势，皮皮爸爸和皮皮妈妈抬着他在家里快速跑动起来。皮皮能够感受到一阵风吹到自己的脑门上。"嘿嘿，好玩。"皮皮心想，嘴里却说："再快一点，再快一点！""好的，皮皮乘客。"爸爸车拉着妈妈车开始进行旋转，还把手的位置忽高忽低进行变化，皮皮两只手紧紧搂着爸爸和妈妈的脖子。"太刺激啦。"皮皮开心得直嚷嚷。

"请问是否升级成最刺激的热烈模式？"皮皮爸爸把他放下来，

赶紧活动了一会酸胀的手腕。"要要要，我要升级。"皮皮也想体验最刺激到底是什么样的。只见皮皮爸爸跪了下来，两只手按在地上，看起来像一只牛。爸爸示意皮皮趴在自己的背上，准备发车了。皮皮紧紧趴在爸爸背上，一开始爸爸只是慢慢往前爬了几步，谁知道他立马开始前后左右疯狂摇晃，一下就把皮皮晃下去了。皮皮觉得不太服气，"我没抓稳，不算，再来一次。"第二次皮皮尽管抓住了爸爸的衣服，还是被晃下去了。第三次就算他两只手死死搂着爸爸的脖子，还是被晃下去了。

当父子俩都气喘吁吁地躺在地上休息的时候，皮皮爸爸一边喘气一边问皮皮，"你觉得坐车要快点好，还是慢点好啊？"皮皮丝毫没有犹豫："游乐园里面越快越刺激！外面路上的一般快就好了。"皮皮爸爸赶紧补充解释："如果开车太快了，就像爸爸晃动得太快了，你就会掉下去是不是？这样就很危险。所以你说得太对了，开得一般快就可以了，超出规定速度就会让小朋友很危险，因为有可能会把小朋友甩出去。""那爸爸平时开车快不快啊？"皮皮对于会被甩出去感到有一些担心。"爸爸按照道路上的规定速度开的，下次爸爸开车的时候你仔细听听导航，就会听到这样一句话叫作'此路段限速××公里'，这个限速的意思就是不能够超过这个速度，要不然就会危险啦。"

皮皮对于开车上路的规则感到很有趣，他想让爸爸再告诉他多一些关于道路上的事情，比如真的会有人从车里被甩出去吗？车子开得很快的时候如果撞到别的车会怎么样？皮皮问起问题就停不下来了。

皮皮爸爸说："皮皮，爸爸又想到了一个好玩的小游戏，要不要我们休息一下再继续玩？""那当然了。"皮皮立马同意了，皮皮爸爸借此机会暂停了皮皮的提问，让自己缓了缓劳累的身体。皮皮去喝水的时候，爸爸搬来了几条小板凳，每个板凳上面放了一些玩偶。爸爸说："皮皮现在是车里面的小警察，你要来抓不遵守坐车礼貌的小朋友。你想不想当小警察？""想！"皮皮回答得超大声。

"那好，第一回合你抓的叫作插队的小朋友，爸爸会带着小动物们一个一个上车，它们就像你在幼儿园排队一样，坐车也要排队。如果你发现哪个小动物插队了，就要把它拎出来。"这个规则对于皮皮来说很简单，他已经练习了整整一年的排队了。爸爸把小动物们都排排放好，首先上车的是小兔子，然后是他身后的小狗。可当小兔子上车的时候，小猪挤到了小狗的身边，皮皮一下就把小猪抓出来了，"小猪插队了！"爸爸说："你抓对了！那你要给小猪说什么呢？是不是'你不可以挤别人，不可以插队。'"皮皮点点头。皮皮妈妈也加入了游戏，皮皮妈妈拿着一个看起来有一些老的山羊爷爷，"大家能不能让让我，我是山羊爷爷，我要先上车。"皮皮警察仍然挡在了前面，"不可以，你不可以插队！"皮皮爸爸有一些好奇，"皮皮，为什么山羊爷爷不可以先上车？""因为它没有排队啊！""对，大家都在排队的时候，就算是老爷爷也需要一起排队。如果老爷爷、老奶奶说'让一让，我是老年人，你让我先上'，你会怎么做呢？"皮皮说："我才不会让他，我会说请您排队！不要插队！"

"那如果老爷爷上车了，发现没有座位怎么办？"皮皮妈妈灵机一动想起来前两天带皮皮坐车的事。"如果我有座位的话，我可以给他让座的。但是如果我没有座位就没办法了，可能会有其他人让老爷爷坐吧。"皮皮说，"我们老师讲过的，要给老年人让座位。""那如果是个年轻人叫你给他让座，你让不让？"皮皮爸爸多问了一下。"我才不让呢。"皮皮翻了个白眼，"我可是小朋友！他们要给小朋友让座的呀。""那如果没有人给你让座呢？""我是一个勇敢的小朋友！我站一下就好了。"

　　关于让座位这件事，皮皮爸爸还补充了如果遇到孕妇、看起来生病了的人，还有自己觉得比自己更需要座位的人，都可以让座的。但是，没有任何人可以强迫皮皮必须把自己的座位让出来。另外，皮皮爸爸已经想好了下次玩游戏的时候要增加假装投币或者刷卡的环节，还要告诉皮皮公交车上可以做和不可以做的事，这样皮皮对"公交车的基本礼仪"就会更熟悉啦。

◉ 莫老师小贴士

　　针对公交车礼仪的内容，各位爸爸妈妈们可以直接参考皮皮爸爸的两个游戏，第二个游戏借助了家中的玩偶来模拟不同的乘客，再由爸爸妈妈创设一些不同的情景让"小警察"进行判断这个行为是否正确。对孩子们来说，让他们来扮演一些角色会增加游戏的趣味性，如小警察、小老师、小医生等。让他们去扮演这个情景中的一个有特定身份的角色，就能够让孩子们仔细观察即将在这个情景中发生的事情，自己履行好扮演身份的职责。

　　在这样的情景扮演中，遵循的规律是，孩子对这个情景不熟悉的情况下，让孩子扮演小法官来断案，爸爸妈妈演给孩子看的目的是给他／她建立初步的情景认知，到底会出现哪些事，示范并告诉他／她可以怎么做。如果孩子已经比较熟悉这个场景了，就可以让孩子也一起扮演这个场景中的一员，如一名乘客。爸爸可以将自己代入一些不同的事件，如争抢座位、在公交车上乱扔垃圾、在单杠上引体向上，以此来考考孩子遇到这些事情会做出什么样的反应，这也是模拟实践的重要一环。当皮皮对家里的这辆模拟公交车有了足够多的认识后，以后皮皮爸爸和皮皮妈妈带他出去坐公交车遇到一些糟糕情况，皮皮就有了应对的经验啦。同理，也可应用于其他类型的交通工具。

03　奇妙理发店

情景：

随着秋意渐浓，天气也逐渐凉了下来。皮皮对剪头发这件事很是抗拒，到了秋天以后他更不愿意去剪头发，原因是天气不热了，不出汗就不剪。

"头发还没有很长，妈妈你给我修一下刘海就行了，我不出去剪。""班里小朋友最近流行我这个发型，我不去剪。""我觉得这个长度刚刚好，我没有觉得不舒服，我不去剪头发。"这些都是皮皮这一周内找过的借口，每当妈妈试图开启剪头发这个话题的时候，皮皮总能用最短的话把妈妈带他去剪头发这条路堵得死死的。爸爸试图发掘原因，或许是皮皮不喜欢之前的理发师，"皮皮，你不喜欢爸爸妈妈之前带你去的理发店吗？还是不喜欢那里的理发师叔叔？""我都不喜欢，我不去，说了不去就是不去！"皮皮犟起来谁都劝不住。

皮皮爸妈连夜上网查找"儿童讨厌理发店的 100 个理由""为

什么男孩子不爱剪头发""如何说服孩子去剪头发"这样的话题，有的人说是因为成人理发店的叔叔不温柔，有人说是因为手法太粗暴让孩子觉得不舒服，也有的人说可能孩子对理发店有阴影。皮皮爸爸已经很困了，"要不，你给他剪得了，反正剪刘海也是剪，顺便把两边的后面的一剃不就完了。"皮皮爸爸说起来非常轻松，殊不知皮皮妈妈会剪刘海纯粹是因为买了一个"儿童剪刘海神器"，照着咔嚓两剪子就完事了。这种时候，总能让皮皮爸爸想起莫老师。"你们问过皮皮为什么不想去吗？"莫老师的出发点总是从最简单的方式入手。"这个，皮皮说'说了不去就不去'，再多问他就生气啊。""你问他去不去，不能从理发店这件事上入手。先看看皮皮是对剪头发这件事感到抗拒，还是对理发店抗拒吧。"

听莫老师支了招以后，皮皮爸爸照着她说的给皮皮做了一个家庭美发，就是在凳子上面放一个洗脸盆，旁边放着热水还有洗发水，让皮皮妈妈躺沙发上，头放在那个水盆里。皮皮爸爸装模作样地给皮皮妈妈进行了一番洗发护发。皮皮妈妈也很配合，说："师傅手法很娴熟啊，非常不错。"等给妈妈洗完以后，皮皮爸爸试探性地问了问："这位小顾客，你也来洗头吗？"皮皮毫不犹豫就躺下了，"洗！给我来一套和上一位女士一样的。""好的先生，你第一次来我们店里吗？要不要尝试头皮按摩？我们用的是纯天然护发精油，呵护你的头皮。我们也有修发服务，轻轻修剪发梢，不改变发型，轻轻松松不扎耳。""行！"皮皮答应得很痛快，就连皮皮爸爸用电动剃须刀给皮皮推两侧扎耳朵的头发尖时，皮皮也满脸享受的样子。

看来像莫老师说的那样，不是剪头发和发型变了这个事，我看这小子今天挺舒服的，也没有和我们吵吵说把他发型弄坏了之类的话，恐怕问题真的出在那个理发店。皮皮爸爸一脸得意地告诉了皮皮妈妈自己的结论。经过皮皮妈妈几轮努力回忆，她想不起来自己长期以来带皮皮去的那家理发店有什么不妥之处。因为皮皮妈妈和皮皮爸爸几乎都是在那家店理发的。"看来还是要问皮皮。"皮皮爸爸和妈妈异口同声地说。

莫老师小贴士

当幼儿出现了对某一个生活情景非常抵触的时候，我们一般会先把这件事分成两个方向，分别是事情本身和发生这件事的场景，再逐一进行筛查，最终找到根源究竟是什么。例如，皮皮不愿意剪头发这件事情，分成了"剪头发"这件事和"剪头的地方"这件事发生的地点。不论先选择排除事件还是先排除地点，对于最终结果的影响都不会太大。像皮皮爸妈这样先去排除事件的话，如果是因为皮皮讨厌剪头发这件事情，那么在玩游戏过家家的过程中，当皮皮爸爸提及关键词"剪头发"时，皮皮就会做出厌恶的反应。例如，直接坐起来离开游戏场所，或是告诉爸爸"我不要""我不想"。

对于皮皮来说，他并没有对"剪头发"这件事情本身产生出抵抗的情绪，那就说明需要控制的变量在于发生这件事的地点。显然，在家里爸爸给皮皮修剪了头发，皮皮很开心。如果是爸爸在理发店给皮皮进行修剪，皮皮不会产生出太强烈的反应，就说明皮皮抵抗的是为他剪头发的人。如果换一家理发店，皮皮的抵抗情绪也会降低的话，那就说明皮皮抵抗的是他们经常去的那一家理发店，可能是水温不合适、理发师比较粗、头发剪得不好等。

　　每一次只改变其中的一个变量，来观察皮皮会做出什么样的行为及情绪反馈。这样有助于爸爸妈妈们对于原因的排查进行一个精准的定位，找到出问题的地方到底在哪里。当然也有的小朋友由于语言表达能力有限，无法精确说出不愿意剪头发的因果关系，爸爸妈妈们也可以使用封闭式的问题进行引导式提问。例如，"皮皮，你是不是不喜欢妈妈带你去那家理发店啊？""皮皮，你是不是觉得水温不舒服？"这就叫作封闭式的提问。我们可以通过此种方式得到更为有效的答案。

情景：

　　皮皮爸爸总觉得一直去的那家理发店对于孩子来说有一些不友好，因为洗头发的台子很高，皮皮每次上去洗头都有点费劲。而且就算是带孩子去剪头发，如果恰好赶上爸爸或者妈妈也要剪的时候，他们随机安排的位置就没办法让皮皮一直看得到爸爸妈妈。"我觉得皮皮可能会有一点害怕吧？还有他们家的水温是真的有点烫。"皮皮爸爸猜测道。"我们别猜了，还是明天睡醒换个方法问问皮皮吧！"

　　这天夜里，皮皮爸爸做了一个梦，他梦到了一个专门属于孩子的理发店，里面的顾客都是小朋友。小朋友可以一边吃糖一边剪头发，而且理发师看起来非常温柔，轻言细语地哄着每一个哭泣不肯剪头发的小朋友。睡醒以后皮皮爸爸打开手机搜索"儿童理发店"，没想到还真的被他找到了。最近的一家不过就是多走一个路口的商场三楼，看起来很不错，皮皮爸爸的脑袋里仿佛又出现了一个新的主意。

"皮皮，爸爸发现了一个很神奇的地方，你要不要和爸爸去看看？""什么地方？""有一个年轻的叔叔给爸爸说他开了一家特别的游乐园，里面有小飞机、小汽车，还有吃不完的糖果和饮料。你想不想去看一眼？"皮皮听爸爸这么说着，小汽车小飞机倒是没什么，吃不完的糖果倒是觉得有一些好奇，"这个游乐园在哪里？""很近的，从小区后门走两个路口就到了，商场里面，我们还可以去玩具反斗城玩一会儿。"这下对皮皮的诱惑就上升到了一个新的高度，可以去玩具反斗城。皮皮爸爸想着，无论如何先把皮皮哄出家门，能去那家儿童理发店看看，再回来问问他也不迟。

一路上皮皮蹦蹦跳跳地跟着爸爸去了那家儿童理发店。当皮皮和爸爸走进儿童理发店时，他们立刻被店内热闹的场景所吸引。小朋友们正在专门为他们设计的游乐区玩耍，有小汽车、小火车、积木，还有一个精心设计的城堡。这个理发店不仅提供剪发服务，更像一个为孩子们创造欢乐的地方。皮皮的眼睛闪烁着好奇的光芒，他立刻加入了小朋友们的行列，开始探索这个有趣的游乐区。他坐上了小汽车，模仿着驾驶的动作，发出"嘟嘟"的声音，旁边的小朋友都被他逗笑了。皮皮爸爸则坐在旁边的休息区，看着皮皮玩得开心，内心也不禁感到欣慰。皮皮爸爸试探性地问了问皮皮："要不咱们稍微修剪一下头发？""好呀，没问题！"皮皮回答得可爽快了。

在等待剪发的过程中，皮皮有机会认识了几个新朋友。他和一个名叫小杰的男孩聊得很投缘，两人迅速成了好朋友。他们互相分享着喜欢的卡通片、玩具，还讨论起了最近流行的游戏。小杰告诉皮皮，他每次都很期待来这家理发店，因为这里不仅可以剪头发，还可以交到新朋友，玩得很开心。

终于轮到皮皮剪头发了，他兴奋地坐上了小飞机形状的理发椅。理发师是一个年轻的姐姐，她温柔的笑容让皮皮感到非常温暖。她耐心地和皮皮聊天，问他喜欢的颜色、喜欢的动物，还有最喜欢的玩具。皮皮慢慢地放松下来，发现这位姐姐很好相处，不再像之前的理发师那样让他感到紧张。理发师姐姐轻轻地为皮皮梳理着头发，讲着有趣的故事，时间仿佛过得很快。皮皮甚至没有注意到自己正在剪头发，他专注地听着姐姐的话，享受着这份特殊的关注。在剪发的同时，理发师还轻轻地给皮皮按摩头皮，让他感到非常舒适。当理发结束时，皮皮站在镜子前，惊讶地看着自己的新发型。他的头发被剪得整齐干净，还剃了一个可爱的小发型。皮皮高兴地笑了起来，他觉得自己焕然一新。爸爸也在一旁夸奖他："皮皮，你真是帅气了，这个发型好适合你！"皮皮笑得更开心了。

出了理发店，皮皮爸爸继续和他聊天："皮皮，你觉得这次的理发店怎么样？有没有和之前不一样？"皮皮想了想，然后兴奋地说："这家店里好多好玩的，姐姐剪头发很轻柔，我觉得很舒服！"皮皮爸爸松了口气，他明白这家理发店的氛围和服务方式，让皮皮感到放松和愉快。原来问题的根源就是皮皮害怕之前那样的理发环境，不用再继续问也知道他抗拒的原因了。

莫老师小贴士

　　从此以后，皮皮再也不会害怕剪头发了。每次剪头发，他都期待着能够去那家儿童理发店，享受欢乐的时光。皮皮的爸爸妈妈也得到了一个重要的经验，理发并不只是一项必要的任务，更是一个可以为孩子们创造快乐回忆的机会。皮皮爸爸和皮皮妈妈用心地选择了适合孩子的理发方式，改变了孩子对理发的态度。这也说明在孩子成长的过程中，关注他们的情感体验、创造积极回忆，具有极其重要的作用。无论是剪头发还是其他生活中的小事，都能成为培养孩子自信和愉悦感的机会。对于各位爸爸妈妈来说，也是很重要的一种启示。孩子们对于某种情境产生畏惧或是抵触情绪是一件常见的事情。父母需要通过倾听、观察和尝试不同的方式，来找到让孩子们产生糟糕情绪的源头。在这个过程中一定要给予孩子足够多的耐心和支持。

　　有的时候家长可能会产生疑惑，如果孩子讨厌的就是儿童专属的区域，这时又该怎么办呢？这仍然要说回到爸爸所起到的重要作用。作为父亲，向孩子展示出一个新奇的场所是一件考验爸爸语言表达能力的差事。需要爸爸们绞尽脑汁找到这个场所和以往去过的同类别的场所中所有不同的地方。就像皮皮爸爸说的有吃不完的零食，或者是商场里的小飞机，这些都是让皮皮感到好奇的地方。每个孩子的喜好与好奇心都有所差别，需要各位爸爸们加深对孩子的关注程度，迎合孩子的喜好去找到他们可能感兴趣的地方。

　　如果还是无法找到这样的现实生活中的场景，仍然可以借助在上一节中所用过的虚拟过家家的方式，让孩子扮演理发师的角色为爸爸妈妈剪头发。在"理发"的过程中爸爸作为顾客可以问问孩子,"请问理发师,你喜欢用热一些的水洗头还是温水洗头呢?""我喜欢温水。"我们将可能存在的厌恶原因用乘客的语气,使用封闭式的提问方式和孩子进行聊天,这样也有助于找到孩子不肯去理发店的真实想法。

　　所以归纳这一节所提到的重要知识点,一个叫作筛选问题根源,一个叫作封闭式提问。可以使用控制变量的方式来筛选影响孩子情绪的因素,也可以通过封闭式的问题排除可能存在的选项。再结合孩子的实际情况创设出虚拟的过家家情景,帮助孩子重新在抗拒的这件事上建立积极的兴趣和应对这件事的信心,孩子就能够勇敢面对真实生活中所对应的情景!

04　儿童书店的奥秘

情景：

又是一个宁静的秋日，皮皮和他的爸爸走进了小区附近的一家共享书店。书店的门铃发出清脆的叮铃声，瞬间将他们引入了一个充满书香的世界。书架上摆满了各式各样的书籍，彩色封面和鲜艳的插图吸引着孩子们的目光。然而，刚刚进入书店，皮皮似乎被某种兴奋冲昏了头脑，他不顾周围的宁静，大声地嚷嚷着："爸爸，我要这本书!"他伸手一抓，将一本书从书架上拽了下来，但看完书却并没有放回原处，而是随手丢在了桌子上。皮皮的爸爸急忙制止他的行为，轻声说道："皮皮，我们来书店是为了阅读书籍，获取知识，要保持宁静，而且要把看完的书放回原处。"

然而，皮皮似乎并没有认真听爸爸的话，他转身走向另一个书架，继续翻阅书籍。他拿起一本书，却没注意翻阅的方式，用手指随意翻着书页，弄得书页有些皱巴巴的。爸爸看到这一幕，感到有些为难，他叹了口气，继续劝导皮皮要爱护书籍，保持文明的行为。然而，皮皮似乎对爸爸的话置若罔闻，继续大声讨论着书中的故事情节，引起了其他孩子和家长的注意。有的家长皱了皱眉，有的孩子看着皮皮的样子也感到有些不悦。经过几次提醒，皮皮还是无法控制住自己过于兴奋的行为，皮皮爸爸只好带皮皮离开了书店。回家的路上，皮皮爸爸非常恼火，也抑制不住想要跟皮皮发脾气的心情，怒气冲冲回到了家，准备狠狠地向皮皮妈妈告状。

🎯 莫老师小贴士

在公共场合，尤其是如书店这样需要保持安静的地方，孩子们需要学会一些基本的行为规范。家长可以通过启发性的对话，帮助孩子理解为什么需要保持安静，以及如何尊重他人的阅读和学习。这样的教育有助于孩子们培养良好的行为习惯和社会适应能力。当然，爸爸们也可以通过游戏的方式，帮助孩子控制住兴奋的情绪。这样的游戏就像我们曾经玩过的"123、木头人"。在一定的口令响起以后，大家都不再说话，谁先说话就算是输了。也有的爸爸妈妈会选择去找一首安静的儿歌，教小朋友学会唱这首儿歌的全部歌词，以此告诉他们只有我们安静的时候，去倾听去寻找才能发现这个世界更多的美好。

从另一个角度而言，没有办法遵守"安静的规则"的时候，其实也是孩子的情绪状态非常饱满，非常开心的时刻。正是由于孩子太开心了，所以难以抑制自己的一些行为和说话的音量。如果在这个时候，爸爸妈妈们严厉呵斥了孩子，会让他／她兴奋激动的情绪一下子变得低落，会让孩子们有"是不是我不可以这么开心，因为我一开心就会被骂"这样的错误想法，反而得不偿失。孩子越兴奋说明他们对于当下发生的事情越满意，所以我们需要做的事情是教他们学会如何去控制自己的情绪，学会"安静"。

情景：

皮皮的爸爸决定通过一些有趣的游戏，帮助皮皮学会在公共场合保持安静。于是，他们来到了一片宽敞的空地。皮皮爸爸面带微笑地对皮皮说："皮皮，我有一个有趣的游戏，我们一起来玩吧！"皮皮兴奋地点了点头，他喜欢和爸爸一起玩游戏。爸爸从口袋里拿出一块手表，按下按钮，手表发出了"滴答、滴答"的声音。他解释道："皮皮，这个游戏的规则很简单，当我按下按钮的时候，你就要停下来，安静地站在原地，直到我再次按下按钮才可以活动。就像在书店一样，我们需要学会在特定的时候保持安静，以尊重其他人。"

皮皮聚精会神地听着爸爸的解释，然后迫不及待地开始了游戏。每当爸爸按下按钮，皮皮就会立刻停下来，不再说话，也不再动弹，安静地站在原地，等待爸爸再次按下按钮。起初，皮皮有些难以控制，总是不自觉地想要说话或者动一动。但随着游戏的进行，他逐渐明白了游戏的意义，学会了如何控制自己的情绪和行为。

爸爸并没有只在空地上玩这个游戏，他们还一起去了附近的公园、图书馆和电影院等地方，每次爸爸按下手表的按钮，皮皮都能够乖乖地停下来，保持安静。通过这些游戏，皮皮逐渐培养了自己的注意力和自制力，学会了在不同场合保持安静和守规矩。在电影院里，皮皮终于感受到了安静观影的乐趣。他坐在座位上，专注地注视着银幕，享受着电影带来的视听盛宴。他知道，在电影院里，大家都需要保持安静，以便让其他观众也能专心欣赏电影。皮皮爸爸说："你太棒了！你完全遵守了我们的'安静约定'，爸爸真为你感到骄傲！"

皮皮在电影院学会了安静的礼仪后，爸爸决定带他去探索另一个神秘的地方：儿童书店。儿童书店是一个充满惊喜和奥秘的地方，里面摆满了五颜六色的书籍，各种各样的故事在等待着孩子们去发现。皮皮爸爸带着皮皮走进了这个书店，他们立刻被书店中的热闹场景所吸引。孩子们或坐或站，专注地翻阅着手中的书，仿佛进入了另一个只属于安静的神奇世界。

然而，皮皮并没有像其他孩子那样安静地坐下来翻书。相反，他像一只兴奋的小兔子，跳来跳去，发出欢快的笑声。他看到了一本讲动物故事的书，就拿起来对爸爸说："爸爸，你看，这本书好有趣！"然后，他又看到了一本插画丰富的绘本，迫不及待地翻开来看。他的声音变得越来越大，引来了其他孩子和家长的注视。皮皮爸爸见状，连忙走过来，轻轻地提醒他："皮皮，这里是儿童书店，我们需要保持安静，不要影响其他小朋友。"并对着皮皮做出了一个按手表按钮的动作，皮皮点了点头，把声音控制了下来。皮皮爸爸鼓励他用轻轻的声音读出故事中的文字，皮皮乖乖地接受着爸爸的教导，声音渐渐地变得柔和。

在接下来的时间里，皮皮慢慢地适应了书店的安静环境。他和爸爸一起在角落里找寻有趣的绘本，轻轻地翻开每一页，享受着故事带来的快乐。他还发现了一个专门的阅读区，里面有舒适的座位和垫子，可以让孩子们安静地阅读。皮皮和爸爸一起坐在那里，轻声地交流着自己的感受，分享着每本书带来的想法。

经过一段时间的阅读，皮皮逐渐领悟到保持安静的重要性。他明白了，在书店、图书馆以及其他需要安静的地方，大家需要互相尊重，以便每个人都能够专心享受活动。通过爸爸的耐心教导和有趣的游戏，皮皮不仅在儿童书店中学会了守规矩，还在不同的场合中掌握了安静的礼仪。他变得更加懂事和体贴，也更加尊重他人的感受。他明白了，无论是在书店、医院还是电影院，都需要保持安静，以共同营造一个宁静、有序的环境。

🎯 莫老师小贴士

通过有趣的游戏和亲身示范，家长可以帮助孩子学会在不同场合保持安静。在日常生活中，可以创造各种情景，让孩子体验到安静的重要性。例如皮皮爸爸所用到安静的游戏，或者是其他能够代表安静指令的小游戏。

同时，家长的耐心引导和正面激励也是培养孩子良好行为习惯的关键，由于儿童大脑发育不成熟，他们很难通过一两次游戏或是谈话就能够做到在什么场合应该做什么样的事。所以，这就需要家长给孩子更多的耐心，多鼓励小朋友去回忆在不同的场景下，我们应该怎么做，怎么去保持合适的音量。当孩子经过提醒能够控制自己的声音或是行为时，也要及时给孩子一些正面的鼓励，希望孩子可以继续保持下去。

　　有家长曾经咨询过我们，为什么孩子每次做得不错都要鼓励，其实这意味着孩子每次能够感知到的情绪是积极的状态。每一次的鼓励都能够给孩子带来积极的情感体验，因此孩子愿意下一次也照做，久而久之才会形成习惯。通过这样的教育，孩子们将会更加懂事懂礼，成为懂得体谅他人、能够遵守环境规则保持安静的小达人。

05　自助餐厅真神奇

情景：

　　国庆节就要到了，皮皮从豆豆那里听到了一个新的词叫作"自助餐"。豆豆说自己和爸爸妈妈去吃了非常好吃的自助餐，里面有很多不同种类的食物，有炒菜、牛排、烤肉、寿司、糕点、水果，自己想拿什么就拿什么。而且水果、蛋糕、零食根本吃不完，爸爸妈妈也不会管自己是不是吃了太多的甜食，真是一个非常棒的地方。豆豆说得眉飞色舞，身边围过来了很多小朋友听豆豆说这奇妙的经历。有的小朋友附和豆豆说自己还吃过巧克力水果。也有的小朋友表示非常羡慕，自己从来没有见过可以一次吃那么多种类的食物，还有的小朋友说自己去过吃烤串的餐厅，等等。

　　这时候星星老师走了过来，看到小朋友们围成了一堆正在进行着热火朝天的讨论，"这是一个布置亲子活动的好时机啊！"

星星老师想着，给家长群里发来了这个特殊的小任务：

请爸爸妈妈周末带小朋友们去一次自助餐厅，让孩子们感受一下自助餐厅的氛围，了解去自主取餐的规则，最重要的是学习节约粮食不要浪费。

皮皮爸爸和皮皮妈妈都看到了这个小任务。"也不知道平时吃饭有一些挑食的皮皮会拿些什么。"皮皮爸爸对于皮皮的行为感到非常好奇。"谁知道呢，他虽然爱吃饭，就是这个挑食劲儿啊谁都治不了。而且不合胃口的话，他一口都不会吃的，咱们带他去哪儿吃？"皮皮妈妈有一些担心皮皮可能去了以后什么都不吃，回想起皮皮更小一点的时候带他去旅行，早餐在酒店吃自助餐皮皮就什么都不吃，觉得别人煮的面条难吃，觉得早餐不要吃炒菜，觉得面包不够松软。

皮皮爸爸拿出手机搜了一会儿，很快拿定了主意，"要我说，我们就带他去酒店，那会他还小，现在长大多了。如果对食物的味道不满意，他可以自己找厨师沟通。他得学习如何和别人沟通需要的东西，莫老师说的。"皮皮妈妈点点头，"去咱们以前约会的时候经常去的那家吧，正好我们也回忆一下没有皮皮那会儿的美好时光。"

周末就是国庆的假期，皮皮爸爸开车带着皮皮还有妈妈一起去到了家附近的度假村，入住了酒店。一路上皮皮爸爸特意告诉皮皮，这是他们以前常来的地方，酒店的餐厅提供的下午茶和晚饭都很不错。爸爸还给皮皮讲解了什么叫作自助餐，就是可以自己去拿喜欢吃的食物，可以自己对食物进行加工这样的地方。皮皮期待极了，"太好了，这是我第一次吃自助餐，我太开心了！"看来，皮皮当真是不记得小时候的挑剔经历了。

⊙ 莫老师小贴士

平日里，多带孩子去参加不同的生活体验能够丰富孩子的阅历，也能够让他们的成长经历更加充实。在社会领域的要求中，我们希望儿童能够见识到世界的多样性，能够对自己生长的环境有着更为细致的认识。希望儿童能够了解到祖国的美、自然的美、这个地球的美。总而言之就是希望学龄前的儿童能够有一定程度的见识，并且能够在增长见识的过程中对"我的家乡""我的国家""我所生长的环境"进行一个相对全面的了解。除了自然界的无限风光以外，人文环境也是儿童需要了解的一部分，如不同国家的餐饮文化、不同地域人们的服饰差异性等。所以有条件的父母带孩子去尝试不同的餐厅，也是感受不同国家饮食风俗的一种方式。自助餐厅既能够让儿童见识到不同国家的美食，也能够锻炼他们的社会交往能力中的"与陌生人打交道""和陌生人沟通自己的需求"这样的一些小要求。

有的家长会感到很疑惑，儿童一定要去这样的场所才能够增长见识吗？当然不是。这取决于我们如何去定义不同种类的餐厅这件事，如果家长的手艺过关能够在家里给孩子做不同地域的美食，或是自己有其他国家的朋友，去他们家里做客等，仍然能够丰富孩子的眼界。当我们的条件有限，不能够带孩子去不同的国家亲身体验的时候，去不同类型的餐厅吃饭也是一种很好的方式。里面的主题装潢和富有特色的表演或是服务员的服饰，都代表不同的风格。中国的八大菜系各有不同，江南水乡的菜品相较于麻辣火锅，显得温婉一些。如果愿意观察自己所在城市的餐厅，不同城市的美食店里的人文环境也有所不同。这些才是我们要让孩子去感受、去体验，去亲身经历的宝贵之处。要让孩子们的眼睛观察到原来美食、服饰、习惯都有差异性。了解到有差异以后，孩子们才能够学会最重要的一件事：尊重不同的人、尊重不同的文化。

情景：

只见皮皮在餐厅里围着一排排的桌子转了一圈又一圈。"皮皮，你怎么不拿东西吃呀？"皮皮妈妈很担心皮皮又要开始挑剔了。皮皮小手一摊，"妈妈我不知道他们的盘子从哪里拿的，然后去哪里付款，你没有跟我钱呀。"皮皮妈妈赶紧冲皮皮爸爸使眼色。"皮皮，爸爸忘记跟你说了，在这里吃饭爸爸已经交过钱了，自助餐厅就是吃一次收一次的费用，不管你吃多少价格都是一样的。所以你想吃什么都行，自己去拿吧。"皮皮爸爸对于结账的问题进行了一番解释，心里想着儿子就是长大了，知道吃东西要给钱，不像小的时候在超市拿了零食就走。"皮皮，你观察一下大家的盘子都从哪里拿的，找找看哪个桌子上放了餐具，要仔细观察哦！"皮皮妈妈一边说着一边从离自己最近的柜台里拿到了盘子，"你看啊，如果你想吃什么，你就学妈妈拿一个盘子，然后用夹子去夹自己要吃的食物，不能用手去拿哦，这样不卫生。"皮皮妈妈觉得还是要给他示范一下，要不然用手抓了食物可不好。

皮皮学着妈妈的样子，夹了一个大鸡腿放在盘子里端到桌子上。皮皮爸爸见他东张西望的样子很好玩，便拿出手机来录像，"皮皮，你在想什么呢？"皮皮有些着急："爸爸，我不知道我到底要吃什么，而且我觉得每次我只拿得动一点东西，万一等会我想吃的别人拿走了怎么办？我觉得这里吃的东西太多了，我吃不完啊，不知道应该吃什么。"皮皮提了一连串的问题。这让皮皮爸爸想起莫老师说的，能让孩子提问的地方都是好地方，这意味着孩子有不明白的地方、有好奇的事情，也意味着孩子能够在这个地方有很多收获。"皮皮，这里的食物如果吃完了，你可以等等，餐厅的服务员叔叔会再加满的。或者你可以去给叔叔说，那里的吃的没有了，能不能加一点。想吃什么就尝一点，只要不浪费就好，这次没吃到的东西我们可以下次再来吃，没关系的。"

于是皮皮鼓起勇气拿着盘子再次出发了，这一次他学会了拿一点回来吃，完了再去夹新的，这样就不会浪费了。他看到西瓜那里空了，但是他有一点不好意思跟服务员叔叔说自己想吃，只是拽了拽服务员叔叔的衣服说"叔叔，那边西瓜没了"，就跑开了。下次吧，总有一次皮皮敢把"我想吃，请你加一点菜"这句话说完整的，我们再给皮皮一些耐心。

莫老师小贴士

有时候，当我们带幼儿去自助餐厅时，会看到很多孩子拿着空盘子夹了很多食物，桌子上都堆满了孩子们还想去取。所以需要爸爸妈妈们给孩子明确关于食物的规则就是不能浪费。如果出现浪费的情况，就要孩子用自己的零花钱去给予赔偿。"不能浪费食物"其实是一件执行起来相对困难的规则，一方面是不能夹太多的食物以防吃不完浪费，另一方面是孩子需要抵挡住食物的诱惑，不要把每一样都取回来。还有就是孩子们会吃一口、尝了味道就吐掉，这样也会造成食物的浪费。所以一定要给孩子明确不浪费的意思是食物都被吃到肚子里，一次只可以拿一个盘子去取，这样就会避免孩子眼大肚皮小、不断取来摆满桌子的情况了。

那么从自助餐厅的所属性质来说，能够给孩子带来的另一个好处就是他们可以半参与到食物制作的过程，如一碗面可以自己添加调料。他们也可以观看到一部分食物的制作过程，如切生鱼片、做寿司、榨汁，等等。让孩子看到制作过程能够帮助他们了解食物是怎么来的，了解到食物加工的辛苦，也能够体谅食物的来之不易。

当然，孩子们会出现在餐厅里跑闹，或不知道怎么切食物等问题，这就需要爸爸妈妈们及时给孩子做示范，告诉他们应该怎样完成不同类型食物的餐桌礼仪，以及如何遵守自助餐厅的安全礼仪。

有的家长会说孩子还小，他们才不知道自己要吃什么，都是图新鲜，什么都拿。所以还是应该家长给孩子配好餐，让孩子直接坐着吃就好。但是从教育的角度而言，之所以选择自助餐厅就是为了给孩子一个自主选择的机会，也要让他们学会为了自己的选择承担后果，不论自己拿的食物是否好吃，都要负责把食物吃进自己的肚子里，因为这是自助餐厅的基本规则，叫作"不浪费食物"。至于有些家长担心的孩子的营养是否均衡，一两顿饭不会影响到孩子营养的全面发展，所以也不必过于担心。

让孩子多见识、多尝试，学会自己负责，就是给孩子成长中提供的最好的营养。

第八章　和爸爸一起探索科学的奥秘

01　神奇的水

情景：

国庆过完以后，天气逐渐转凉，皮皮也穿上了毛衣和外套。皮皮发现春天脱下来的衣服这会儿再穿起来就有一些短了，妈妈说这是因为皮皮长高了的原因。这也是皮皮第一次开始意识到自己会长大这件事。什么是长大呢？以前的衣服穿起来会拉不上拉链，裤子会觉得短，脚也塞不进鞋子了，原来这就是长大了。在皮皮的眼中，他的身体发生了变化，这个就叫长大。所以有一天当皮皮爸爸站上体重秤连声感慨说"坏了坏了，我又长胖了"的时候，皮皮说："这怎么能是坏了呢！爸爸你长大啦！这多好啊！"

皮皮读了中班以后，他开始变得更加敏锐，观察到了事物之间的变化和差异性，每天回家提的问题也更多了。"爸爸，你说为什么夏天喝的水冰冰凉凉的很舒服，冬天喝一样的水就会不舒服？""为什么你把可乐放在冰箱里拿出来以后，可乐瓶子上面就会有水流下来？""为什么妈妈说洗菜的水不可以直接喝，但是另一边水壶的水我们又能直接喝？""是不是所有小朋友、小动物都要喝水？水从哪里来？水的妈妈是谁？""为什么老师说山里的泉水小动物可以喝？泉水和我们家里的水有什么不一样？"有这么多的为什么，把皮皮爸爸给搞晕了。为什么皮皮对水这么好奇啊？

🎯 莫老师小贴士

在学龄前阶段，最后一个重要的学习领域就是科学板块的知识，包括对自然科学、人文社会科学的基础了解，还有基础思维能力的养成，包括有一定程度的数的概念，能够进行比较，能够知道数量多少等。在《3~6岁儿童发展指南》中，对于科学领域的要求则是：在科学探究领域，幼儿能够有一定的亲近自然、喜欢探究的能力；能够具有初步的探索能力；能够在探究中认识周围事物和现象。对于数学思维能力的要求是：能够初步感知到生活中数学的用处和趣味；能够感知和理解数、量以及数量关系；能够感知形状与空间关系。

所以在幼儿园中，老师们也会设置对应的科学区（角）帮助幼儿进行科学小游戏，平日里的活动中也会带着幼儿去探究科学的奥秘。有的家长会发出疑问，难道幼儿可以听明白很复杂的自然科学知识吗？如果听不懂的话，为什么要让他们学习相应的知识呢？这也是我们把科学板块放在了最后的原因。学习科学，并不像我们印象中的物理中学习力如何计算，也不是复杂的化学公式，更不是和学科知识相关的公式化的内容。而是对不同科学学科的初步了解、认知。

科学源自我们的生活，对于中学生的力学公式，在儿童的眼中只会看到为什么斜坡可以直接滑下去，换一双防滑鞋为什么不能滑下去了。为什么树叶可以浮在水面上，但是往树叶上放一些东西就会沉下去。儿童能够看到的都是生活中的一些规律和变化，而他们需要依靠自己的眼睛和其他感官系统去观察这些发生的原因。更重要的是，要在这个过程中培养幼儿善于观察，对世界保持好奇，能够有足够的耐心去找到一个神奇事件的答案。这也就意味着，培养幼儿的科学能力的本质是培养幼儿对科学进行探究的能力，而这些能力才是构成幼儿进入小学以后是否能够获得更好学业表现的关键。

很多家长会向我们咨询幼儿园不再学习"加减法"这样的课程以后，他们应该怎么做。我们给出的建议都是不要再去进行刻板的"小学化"课程的训练。比起让幼儿在心智发育不成熟，还不能够了解这些算术公式含义的时候进行机械记忆和计算练习，让数学这门学科变得索然无味，不如让幼儿去观察看看，为什么玩跷跷板总会有一个人起来，为什么自己和爸爸玩跷跷板的时候，只要自己改变坐的位置，就可以和爸爸的高度齐平了。到底谁比谁重，要依靠什么去划分，怎么能够更精准判断小朋友的重量？这些才是他们需要通过生活去了解到的数学的用处，而非计算题或是乘法表。

所以在本章中，会通过一些生活中的场景，介绍爸爸们可以在家里带孩子做哪些科学小实验，来培养儿童的科学探究能力。

情景：

　　晚上到了洗澡睡觉的时候，皮皮爸爸叫来了皮皮，"今晚咱俩泡个澡吧！"只见浴缸里已放好了热水，还有很多只玩具鸭子漂在浴缸里冲皮皮招手，"皮皮你快来和我们一起玩呀。"皮皮最喜欢泡澡了，因为他非常喜欢水。皮皮觉得水真的很好玩，自己好像永远抓不住水，顽皮的水总是从指尖溜走。而且雨水的味道、水龙头里水的味道都不一样，都让皮皮觉得很神奇。当然，泡澡中最喜欢的环节不是玩水，而是玩水里的泡泡。泡泡反射出来的五彩斑斓的光让皮皮觉得美极了。

　　皮皮脱了衣服走进浴缸里，他一手拿着一只小鸭子，开始了皮皮船长和鸭子船员们的探险小游戏。就在他指挥小鸭子们表演跳水的时候，皮皮爸爸拿了一个橙红色的圆球进来，"皮皮，这是妈妈新买的泡泡球，要不要让新的泡泡球表演一个跳水？"皮皮爸爸把包装纸拆了以后，做了一个丢保龄球的姿势，把圆球扔进了浴缸里。皮皮看到这个圆球慢慢溶化在了浴缸里，周围的水也跟着变成一片橙色。"皮皮，你拿手拍一下水，妈妈说如果你很用力去拍水，就会出很多彩色泡泡哦。"皮皮爸爸准备好和皮皮一起进行关于水的探索，第一步就是观察到水里可以溶化一些东西。皮皮兴奋极了，他用四肢在浴缸里奋力搅动，果不其然出现了很多泡泡。

　　"皮皮，你找找刚才的球去哪儿了？"爸爸的问题对皮皮来说显然太幼稚了一些，现在皮皮可是上中班的小哥哥了，"当然是溶化了呀！我可找不到了。爸爸你问的问题好幼稚哦。""那为什么小鸭子不会溶化，刚才的球溶化了？"第二个问题"会心一击"，这又是为什么呢？显然超出了皮皮目前掌握的知识储备。只见皮皮爸爸拿起皮皮的搓澡球往水里一扔，搓澡球也稳稳当当漂浮在水面上。爸爸又拿了一块香皂扔进浴缸里，毫不意外沉了底。"皮皮，你把那个香皂拿来给爸爸。"皮皮把香皂拿了过来，爸爸把香皂放到了香皂盒里面，"这怎么回事，香皂为什么没有沉下去？"

皮皮和皮皮爸爸又进行了很多小实验，看看到底什么东西会沉下去，到底什么东西不会沉底。后来发生的这些事已经超出了皮皮知识储备的范围，浴缸里的水就像是长了一张透明的挑食的大嘴，有的东西扔进去就再也找不到了，有的东西它不喜欢就放在了水面上，有的东西它直接收到了肚子里。皮皮爸爸说"这叫作水的浮力，如果接触面很大的话就会让这个东西浮在上面。当然如果太沉的话就会沉底。你看小鸭子就很轻。那泡泡球你找不到了，是因为泡泡球溶化了呀。我们的生活中有很多东西会溶化在水里，等明天我们再去厨房看看什么可以溶化好不好。""可是爸爸，船也很重，为什么还可以坐人都不会沉？"皮皮一下就想起来之前去公园玩的时候和爸爸妈妈一起划船的事。"这个就是爸爸说的接触面的问题呀。"今天晚上让皮皮对"水"又有了新的认识，这下除了打水仗很好玩、游泳很好玩以外，往水里放东西观察会不会被水"吃掉"、会不会沉下去也很好玩。

🎯 莫老师小贴士

皮皮爸爸在洗澡的时候带着皮皮去感受水的物理性质"浮

力"，这个就是生活中的科学知识。水有很多不同的特征，其中一个就叫作浮力。给孩子展示不同物体漂浮于水面上，让孩子回忆什么东西可以浮起来。

让孩子参与到"沉与浮"的小游戏中，能够让孩子直观感受到什么叫作"浮力"。对儿童而言，他们并不能够学习如何计算浮力，但是他们可以通过观察了解到什么样的东西可以浮在水面上，什么东西又会融化在水里面。

这样的游戏过程不仅会让幼儿觉得印象深刻，又会感知到非常强烈的开心情绪。让孩子们能够在探索的过程中感受到快乐，能够通过探索发现问题的答案，感受到巨大的成就感和自信心。这些比起熟记"浮力和溶化是什么"更为重要。

水、泥沙、土这些都是儿童最喜欢玩耍的材料，如果有可能的话，可以从生活入手，带孩子领略一下大自然的神奇之处，激发他们的好奇心和求知欲。

情景：

第二天睡醒以后，皮皮爸爸接了一大碗水，并把碗放进了冰箱的冷冻室。"皮皮，你猜猜看放学回家碗里的水会变成什么？""会变成什么？"皮皮的眼睛亮晶晶的。这一整天皮皮最期待的事情就是放学回家看看碗里的水变成了什么。终于到了幼儿园放学的时候，皮皮飞奔回家打开冰箱拿出早上放进去的碗，他用手戳了戳碗里，怎么变成硬冰块了？

好不容易盼到爸爸下班回家，皮皮缠着爸爸问为什么水成了大冰块。皮皮爸爸给他解释说因为当水的温度非常低，低到 0 摄氏度就会变成冰块。"那如果温度变高了又会变成水吗？"皮皮抢先发问。

"那我们试试看吧，你去拿牛奶锅过来，我们把冰块倒进去。然后把锅加热，咱们一块看看又会变成什么。"皮皮看到冰块在小锅里慢慢融化了，从大冰块碎成了几块，然后慢慢变成了水。"又变成水了！"皮皮忍不住跳起来欢呼，"你来看，出现了很多水蒸气。"皮皮连蹦带跳跑了过来，"起雾了！"这是皮皮之前新学到的词。爸爸开车带他们去山里的时候，看不清前面的山路，爸爸说那叫起雾了。"那是水蒸气，水的温度太高了，就会形成水蒸气。"

皮皮在爸爸的帮助下把水倒回碗里，他一边吹着碗上的热气，嘴里一边嘟嘟囔囔，"水真的好神奇啊，变成冰块的时候硬邦邦的，变成水的时候又很舒服，变成水蒸气后都摸不到了。"

🎯 莫老师小贴士

对幼儿来说，观察一个事物的方式就要用到他 / 她全身上下的感官系统，就像前面所提到的五官和触觉。他们了解科学知识，仍然依靠的是自己的感官系统来判断初步的形态、特征。

当然，随着幼儿年龄的增长，他们会了解到事物发生变化的过程和条件，这些就是他们了解科学的第一步。

如果在家中想带着孩子去了解一些科学原理或是科学小常识，也可以参考让幼儿感官系统都动起来的方式，让他们去认识一个事物的原本属性，经过一些条件变化作用以后，会不会出现不一样的特性。

在此过程中的重点是要让幼儿自己动手去探索，别急着告诉他们答案是什么，让孩子学会观察，学会用语言去表达眼睛看到的、手触摸到的是什么，学会去总结自己说的内容，学会对事物变化的因果关系进行归纳梳理。

如果幼儿没有办法完整表述自己看到的内容，家长请记住前文中所提及的"封闭式提问"。可以问问幼儿，如"你看到的是红色的还是黄色的""你摸起来是凉的还是热的"，这就是封闭式的提问，帮助幼儿应该如何去表达自己的感官体验。

另外，对于基础的物理知识或是化学知识，有条件的情况下我们可以带着幼儿一起进行相关的小实验，如皮皮爸爸进行的关于水的实验，就能够让皮皮在自己动手操作的过程中更为直观地了解到水的特性。

当然爸爸们也可以进行举一反三，了解了水的特性以后，继续了解不同的液体的特性，见表8.1，这些简单的小实验对儿童来说，会非常感兴趣，在做小实验的过程中也能够极大程度地提升幼儿的专注力，推荐各位爸爸都去进行尝试。

表 8.1   家中科学亲子小游戏

游戏名称	游戏规则
冰与盐的反应	在一个容器中放一些冰块，然后撒上食用盐。观察冰和盐的反应，看看是否会使冰融化更快。此实验可以让孩子了解盐的作用和物质之间的互动
彩虹奶酪	在一块白奶酪上滴上不同颜色的食用色素。观察色素如何在奶酪上扩散形成彩虹色。这有助于孩子理解扩散和混合的原理
魔法彩虹水	在透明的玻璃杯中倒入不同密度的液体，如橙汁、糖水、蓝色的柠檬水。液体会分层，形成漂亮的彩虹效果。通过这个实验，孩子可以了解液体密度和分层现象
飞行的气球	在气球内充满柠檬汁和小苏打，然后迅速扎紧气球，观察气球膨胀的情况。这个实验可以让孩子了解气体的产生和膨胀原理，同时体验一些化学反应
果汁冰激凌	将果汁和少量盐放入一个小型密封袋中，再将袋子放入大袋子内，装满冰和盐的混合物。摇晃一段时间后，观察果汁是否变成了冰激凌。孩子可以了解冰的融化和变冷的原理
科学水球	在一个透明的塑料袋中装一些水，然后将袋子放入冰箱，观察袋子在冷冻后是否破裂。通过这个实验，孩子可以了解水在冷冻时膨胀的原理
魔法变色牛奶	在一盘牛奶中滴上不同颜色的食用色素，然后用棉花棒蘸点洗洁精液体滴入牛奶，观察颜色如何变化。这可以帮助孩子理解表面张力和液体之间的相互作用
气球火箭发射	将小型气球充气并封口，将气球的开口连接到一根塑料吸管上。在吸管的另一端装上纸质火箭，用力吹气进气球，火箭会被气球的气压发射出去。孩子可以了解空气压力

续表

游戏名称	游戏规则
阳光画	在一张黑色纸上放置不同形状的物体，然后将纸放在阳光下暴晒。观察物体遮挡阳光后在纸上留下的淡白影子。通过这个实验，孩子可以了解光的传播和遮挡原理
神奇的充气气球	将少量白醋倒入一个干净的瓶子，然后用一个小漏斗将小苏打粉倒入气球。将气球固定在瓶口上，把气球颠倒，让小苏打粉与白醋反应，气球会膨胀充气
油和水的争斗	在一个透明的瓶子里加入一些食用油和一些彩色食用水，观察油和水分层的现象。可以通过加入食用色素让水更容易看清分层。孩子可以了解不同液体之间的不溶性
自制火柴盒风车	用火柴盒制作一个小风车，用剪刀剪出风车叶片，用一根牙签穿过火柴盒和叶片，然后吹气或摆动牙签，观察风车如何旋转。这可以帮助孩子了解风力的原理

02   生活中的不同形状

情景：

前些天星星老师在家长群里发消息说，最近班里的小朋友们学习认识更复杂的形状。小班的时候曾经教过孩子们去认识基础的圆形、三角形和正方形，到了中班就要认识更为复杂的，如菱形、椭圆形、长方形、平行四边形等。要让小朋友们能够区分相似的图形，也要能够使用七巧板进行图形的搭建，如拼出小狐狸、小火箭、小汽车等。

但是全班的小朋友都遇到了一个共同的问题，那就是他们记不住相似的图形。豆豆就是分不清椭圆和圆形有啥区别，急得豆豆爸爸直抱怨："我真不知道豆豆怎么回事，他说长得一样，分不清。拿图形卡给他，他就胡说一通，真让我的血压有点高。"不仅是豆豆，这种情况在他们班里还有不少，皮皮的策略也是连蒙带猜。

莫老师之前的朋友圈发过要多使用游戏的方式让小朋友学习

新知识，还特意强调了背数学卡片、识字卡片的方式会非常枯燥，让小朋友们的兴趣骤减。能够使用什么样的游戏方式呢？皮皮爸爸有一些为难。他拜托皮皮妈妈问了莫老师，得到的答案是从生活里去找。生活里有什么形状啊？生活里？懂了！皮皮爸爸就用 A4 纸打印了一些图形，带着皮皮在家里玩起了叫作找形状的游戏。

"我们一人拿着一个纸片，能够和纸片完全重合的就代表着形状是一样的。你拿正方形，我拿三角形，我们在家里找找看什么东西有这些形状。找到的话就要用你的小天才拍个照，爸爸也用手机拍个照，我们比赛看看谁找得多吧。""爸爸，我想叫豆豆来一起玩可不可以？"皮皮做出了可爱的表情，不一会儿豆豆就到了他们家。

小朋友们迫不及待地加入了这个充满趣味的游戏。手里拿着五颜六色的纸片，他们的眼中闪烁着好奇的光芒。豆豆握着一张椭圆形的纸片，额头微皱，似乎在思考着什么。皮皮则抓住一个长方形的纸片，眼中透露出一股挑战的神采。"我找到了！"皮皮兴奋地叫了起来，他在餐桌上发现了一个长方形的盘子。皮皮爸爸也兴高采烈地捕捉到了这一刻，和皮皮一起分享了这个愉快的时刻。豆豆稍微犹豫了一下，然后指着桌上的水果篮子说："叔叔，我觉得这个橙子看起来好像，都有点扁。"皮皮爸爸面露欣慰的微笑，鼓励地点了点头，然后按下了快门。皮皮爸爸觉得，这个简单的游戏不仅让孩子们认识了不同的形状，还培养了他们观察和思考的能力。

随着时间的推移，皮皮和豆豆时不时地拿出纸片，在周围环境中寻找。他们惊喜地发现，窗户的轮廓是一个矩形，饼干则是一个正方形，花瓶呈现出优美的圆柱形。原来生活中处处都是星星老师说的不同的形状。孩子们不仅学会了识别各种形状，还加深了对形状特征的理解。他们开始懂得如何观察物体的外形和特点。这种学习方式不同于枯燥的卡片记忆，更像是一次精彩的冒险游戏。

🎯 莫老师小贴士

　　儿童在认识形状的初期，就是通过用"影子叠加"的原理来学习认识不同的形状，两个完全重合的影子就代表两个形状完全一致。小班的小朋友们会进行影子配对的游戏，来找到影子所对应的小动物或是其他常见的形状。当然，到了中班这个阶段，就要认识到"图形"这个概念。从平面图形过渡到立体图形，是孩子们大脑中对于形状进行建构的必要发展阶段。

　　只不过相似的图形会让儿童产生概念模糊，如果家长们像豆豆爸爸一样拿出卡片让豆豆进行机械记忆，那么"图形"对于豆豆而言就会索然无味。找到生活中的图形是一种比较有意思的方式，如果你愿意抬头观察一下自己所在的房间四周，就会发现我们的生活空间中有各种各样的图形。儿童需要认识形状，了解不同的形状进行组合以后会变成什么，这也是德国著名教育家福禄贝尔所提出的"恩物"的概念。福禄贝尔通过让儿童玩耍，帮助他们认识物体的颜色、形状和大小，形成空间、时间和数的观念，发展儿童的构造能力。

别看只是小小的形状，当幼儿通过分解，组合点、线、面、体等，在摆弄和游戏中理解数学原理。通过对各种图形的分类、排列、组合与分解，提高他们的专注力、构想力、思考力及创造力。幼儿可以在对实物观察的基础上根据物体特征构想出图形，利用这些材料进行拼摆、堆砌、拆装。幼儿通过对恩物教具的反复操作，可以很容易理解整体与部分的关系，发展想象力、创造力。幼儿在愉快的游戏中获得知识，学习推理，加强同伴之间的交往，还能促进语言能力的提升。

所以，让幼儿保持对学习的兴趣和好奇心是幼儿能否持续对学习进行探索的秘诀，将知识与生活相结合，将知识变成游戏就是最好的方式。

情景：

现在，皮皮对图形有了相对深刻的理解，看到椭圆形和圆形也不会出现记忆混淆的情况。皮皮爸爸问他："你为什么分得清椭圆和圆了啊？爸爸感觉到很吃惊。"只见皮皮从卧室拿出了两个球，一个是上次练习抛接球用的小皮球，另一个是幼儿园最近在教他们练习的儿童橄榄球。"爸爸你看，一个是皮球，一个是橄榄球，你说这俩一样吗？"看着皮皮有些成熟的回答，让爸爸心里产生了疑问，怎么能记住球。莫老师给皮皮爸爸回复信息说是因为儿童对生活中真实物品的敏感度更高一些，这就是要让皮皮在生活里去找的原因。

那皮皮能不能把不同的图形画出来呢？皮皮爸爸迫不及待想知道自己的教育进展能不能够达到新的水平，能认识、能区分跟能画出来，恐怕又是不同的发展水平了。谁知道皮皮头也不抬就拒绝了爸爸画画这个提议，"画圆形干吗？没意思我不画。"好一个小皮皮，现在会说没意思了！皮皮爸爸跑去厨房里找正在做饭的皮皮妈妈告状，"那你让他自己动手试试？皮皮对画画的兴趣一直都不太高的呀。"妈妈的提议好像有道理，但是又没明说要怎么做。皮皮爸爸的眼珠子一直转呀转，在想什么游戏才是有意思的。这时候他看到了皮皮妈妈手上正在削皮的土豆，"皮皮，我们用土豆来学习吧，等会爸爸给你炸'图形土豆片'。"

"图形土豆片？"这下皮皮听起来有意思多了。爸爸找来了皮皮的儿童厨房小工具，三下五除二把土豆皮削干净了。皮皮爸爸负责切片，皮皮负责切出形状。皮皮的切菜刀是塑料的，不会划伤他的小手指，切土豆也还比较锋利。"切形状嘛，这难不倒我。"虽然不整齐，但是看起来也是不同形状的土豆片。那天的晚饭皮皮吃得格外香，或许是因为自己动手的原因吧，蘸了番茄酱的"图形土豆片"和手指饼干一样美味。

莫老师小贴士

由于儿童的大脑发育尚未成熟，他们的记忆水平也不能够做到过目不忘。所以他们需要进行反复练习，才能够记住一个新的动作或是一个新的知识。这也是我们平时看到一个绘本小朋友可以拿着阅读几十、上百次都不厌倦的原因。

对他们来说，重复练习就在不断刺激着大脑神经的发育，帮助幼儿去理解。这些对成人而言再简单不过的事物，在他们的小小世界里就是一次又一次的冒险。所以把知识点进行游戏化的巩固对儿童而言尤为重要，他们需要这样的重复，却又不喜欢枯燥乏味的重复形式。能够让幼儿动手参与的小游戏的趣味性，比起知识卡片当然有意思得多啦！

有的家长会咨询是否一定要使用蒙台梭利教具或者是福禄贝尔恩物的游戏道具，其实没有太大的必要去买这些教具。

生活里处处都是游戏教具，只要善于观察，就像皮皮爸爸和皮皮一起用土豆来切"图形土豆片"一样，家里的沙发垫、毛绒玩具、厨房里的蔬菜，都可以拿来进行游戏。

只不过遵循的原则就是循序渐进，帮助幼儿逐渐了解家里这些物品的特征，然后开发出不同物品的功能进行游戏。如果家长有积木，也可以用积木进行形状的拼接，见表 8.2，这些都能让幼儿感觉到非常有趣。

表 8.2　图形亲子游戏

游戏名称	游戏规则
形状寻找游戏	一人拿着一个形状卡片，找到家中有相同形状的物体，进行比赛
形状创意拼图	使用积木、磁力贴等，让孩子自由创造图形，鼓励他们用想象力进行拼图
图形猜猜猜	家长描述一个图形的特点，让孩子猜是什么形状，轮流进行
形状画画游戏	孩子用纸和颜料画出不同的图形，家长猜猜看是什么形状
寻找形状	让孩子在家中找到不同的图形，如窗户的矩形、饼干的正方形 / 长方形等

03　乐高里的秘密

情景：

玩具是所有孩子的梦想，皮皮家附近的玩具店也越来越多。除了之前皮皮酷爱的玩具反斗城以外，又新开了一家乐高旗舰店。比起皮皮，皮皮爸爸对于乐高店的兴致要高好多倍，在皮皮爸爸的心里就没有什么玩具是比乐高更有意思的，自己童年时期喜欢的动漫人物、追了二十几年的漫威角色，都有对应的乐高模型。那些小颗粒仿佛可以拼出他们所熟悉的每一条街、每个人。

之前也给皮皮买过一些儿童乐高回家拼，皮皮爸爸总是觉得太没意思了，就那么几十块拼过来拼过去。皮皮却乐此不疲，爸爸感到很疲惫。"闭着眼都可以拼出来的，为什么一定要按照年龄来买乐高啊。"听豆豆爸爸说附近新开一家乐高旗舰店，带孩子去参加游戏打卡集章还可以兑换一个乐高大头仔。"这不就是白捡的嘛！"皮皮爸爸跃跃欲试。人家说了要带孩子，我带着皮皮，我去玩回来，给皮皮一个玩具，两全其美啊！

这家乐高旗舰店可真的大极了，整整四层楼呢！门口有用乐高拼的广州塔和金门大桥，还有乐高熊猫和乐高火锅。"爸爸，这比妈妈手机里的乐高好玩。"爸爸说"告诉你哦，乐高可以拼的玩具可多了，听说二楼有一整面墙都是乐高跑车，等会爸爸带你去看。咱们先在一楼拿一个集章的卡，慢慢逛啊。"拿到一张绿色的印有乐高 logo 的小卡片以后，他们就到了第一个打卡的地方。第一关要带孩子的家长回答出乐高最小玩家的年龄是几岁。这可难不倒皮皮爸爸，"一岁半！"皮皮爸爸飞快拿到了第一个印章。"爸爸你怎么知道？一岁半的孩子可以玩什么啊？"皮皮爸爸的表情变得骄傲了起来："那当然是因为你出生以后，爸爸就想借着给你买玩具的理由买乐高，我就看到最低年龄是一岁半。就你玩的那个车，你一岁的时候爸爸就买回来了。""爸爸，那小朋友可以拿乐高玩什么？只有我们平时玩的拼积木吗？"这是一个难住了爸爸的好问题。

乐高店的哥哥听到他们的对话走了过来，"你几岁了呀小朋友？""五岁半了。"员工哥哥兴奋地说："太好了，你可以和爸爸一起体验我们的乐高机械系列！"皮皮爸爸听到这个消息，满心期待。员工哥哥告诉他们，乐高不仅有市场上常见的成品积木，还有大块的积木盒子，可以帮助家长和孩子一起制作像挖掘机的轴承、滚轮等机械部件。而这些积木不仅可以锻炼孩子的动手能力，还能培养他们的想象力，让他们自主创作出心中的图景。更重要的是，当孩子们在家里拥有可以自主拼接的乐高积木块，他们就可以充分发挥自己的想象力，用积木拼接成他们脑子里的画面。比如有的小朋友就会用积木来拼铁轨，有的小朋友会拼房子，这些都能够锻炼孩子们的想象力。"这还真不错。"皮皮爸爸对乐高的产品感到十分满意。

他们在第二层如愿以偿看到了乐高跑车，在三楼的超级英雄乐高展柜边上合了影。在这个奇妙的乐高世界中，看到了很多熟悉的动画角色变成了乐高的造型，他的眼睛都快放光了。更让皮皮没想到的是，乐高店里还有一架真正能发声的乐高钢琴。他轻轻地弹了几下，感觉自己仿佛成了一个小小的音乐家。在乐高店员的引导下，皮皮和爸爸走到了四楼，进入乐高机械系列的天地。这里摆放着各种机械积木，仿佛进入了一个奇幻的工程师世界。皮皮迫不及待地开始动手拼接，他跟爸爸一起将积木拼成了一个小小的机械装置。虽然看起来简单，但是当他们转动曲柄时，装置竟然做出了令人惊讶的动作。皮皮的眼睛亮了起来，他期待着探索更多乐高机械的奥秘。

◎ 莫老师小贴士

对儿童而言，建构游戏构成了儿童进行探索的桥梁，他们会使用各种类型的建构材料进行拼接或是摆放。在幼儿园中，儿童会使用积木搭建不同的建筑物，也会使用类似乐高的材料来拼接轨道，让玩具车在轨道上面行驶。他们会用积木将大脑中的世界进行一个重构，而重构的过程不仅发挥了幼儿的想象力，也帮助他们在脑海中进行立体方位、对称、平衡等和谐的美感练习。

在前文中提到了要让孩子拥有发现美的能力，物质的结构美也有着特殊的魅力，这能够让孩子的想象得以具象化，变成看得到、摸得到可以进行讲解的实物。拼接的过程会遇到非常多的困难与挑战，孩子们可能会不断经历积木坍塌的过程，或是其他不够完美的挫折，而这些经历能够培养孩子的耐心，让孩子不断找寻解决问题的新方法。当他们终于能够按照自己的心愿搭建成功以后，内心获得的巨大的满足感和成就感，又会成为儿童继续探索下去的动力。

情景：

这一次的乐高之旅，让皮皮爸爸重新认识了乐高的无穷魅力。乐高能够通过不同的系列和模型，满足不同年龄段孩子的需求。机械系列更是为孩子们打开了一扇探索科学、启发创造力的大门。这些小小的积木，蕴含着无限的可能性，让孩子们能够创造出自己的世界，用自己的想象力拼凑出精彩纷呈的场景。乐高店的哥哥也不厌其烦地为他们讲解，乐高积木的设计理念是培养孩子们的创造力和解决问题的能力。他们可以通过不同的积木搭建，理解机械原理，掌握基本的物理知识。而且，乐高还鼓励孩子们尝试创新，将积木组合成自己想象中的形状，培养他们的思维灵活性。皮皮也已经开始构想自己的乐高机械大作了。

在乐高旗舰店里度过的一天，让皮皮和爸爸收获满满。除了乐趣，他们还从中学到了很多。皮皮爸爸也不再抱怨儿童乐高太容易，因为他发现乐高世界有更广阔的领域可以探索。而皮皮也更深刻地感受到，玩乐高不仅是消遣，更是一种启发，让他能够在创造与思考中不断成长。回到家后，皮皮兴奋地向妈妈讲述了他在乐高店的奇妙经历。他迫不及待地和妈妈分享，乐高商店里有多少有趣的玩具，自己看到了什么趣事。对于皮皮来说，乐高不仅是一种玩具，更是一扇开启探索知识、培养创造力的大门。皮皮妈妈微笑着听着儿子的话，她意识到乐高不仅是儿童的乐园，更是一个家庭共同参与的机会。通过与孩子一起创造，家长可以与孩子建立更深厚的情感，同时也在乐趣中传递知识。

皮皮和爸爸继续在家中进行乐高创作。他们打开了乐高机械系列的积木盒子，开始了一次新的探险。皮皮爸爸和皮皮边拼接边交流，讨论着如何将不同的零件组合在一起，制造出更复杂的机械结构。他们仿佛是一支默契的团队，互相启发，共同解决难题，享受着创造的乐趣。

在皮皮爸爸的引导下，皮皮逐渐掌握了乐高机械的基本原理。皮皮学会了如何通过齿轮的转动实现机械运动，如何利用滑轮传递力量。每一次的实践都让他更加深入地理解，也让他对机械世界充满了好奇。皮皮爸爸不仅告诉他机械的运作方式，还鼓励他去尝试自己的构思，创造出独特的机械模型。

一个周末过去，皮皮和爸爸完成了一架复杂的乐高机械模型，这是一个可以转动的风车。皮皮兴奋地转动曲柄，看着风车的叶片缓缓旋转，发出了微弱的嗡嗡声。这个小小的机械装置，是他们共同的成果，也是对知识的探索和创造力的展示。

皮皮爸爸仿佛看到几年以后，皮皮的乐高世界变得更加丰富多彩，而自己也在陪伴皮皮进行乐高冒险的岁月中逐渐苍老。

小小的皮皮和爸爸一起创造了各种不同的机械模型，从简单的滑车到复杂的机关，每一次的实践都是一次充满挑战的冒险。在每一次的创作过程中，皮皮不仅学到了机械的原理，还培养了耐心、动手能力。

除了科学知识，乐高还培养了皮皮的创造力和想象力，不再局限于简单拼接，而是能够根据自己的构想，创造出独特的机械模型。读中学的皮皮开始尝试改进现有的设计，提出自己的构思，让每一个模型都具有他的独特印记。在这个充满乐趣和启发的乐高世界里，皮皮不仅与爸爸建立了更深厚的情感，还获得了知识和技能的成长。每一次的创作，都是一次探索和挑战，让他不断迈向更高的目标。总有一天，皮皮会拥有自己的乐高收藏柜，也可能自己设计更加复杂的乐高模型。

每次完成一个新的设计，他都会感到骄傲和充实。皮皮爸爸也看到了他的成长，他们在创作中一起成长、一起分享乐趣。对皮皮来说，乐高已经不再是积木玩具，它代表着他和爸爸一起度过的宝贵时光，是他探索知识、培养想象力的伙伴。每一块积木都是他成长的见证，每一个机械模型都是他创造的体现。未来，他还有无限的可能性，可以继续探索乐高的世界，挑战更复杂的机械模型，更深入地了解科学的奥秘。而这一切，都始于那个充满惊喜和欢笑的乐高旗舰店。

这样想着，皮皮爸爸的眼睛湿润了，那就让乐高积木陪着自己和皮皮一起成长吧。这是爸爸最大的兴趣爱好，希望也能够成为父子之间的专属回忆。

🎯 莫老师小贴士

说到乐高，更多的时候在家长眼里就是一类玩具，多一个少一个并没有什么太大的差别。有的家长会认为儿童玩玩具会变得玩物丧志，每天都在研究怎么去拼这个积木，长大以后能有什么出息？

就像上文中皮皮爸爸脑海里看到的画面那样，积木类的玩具并不只是一类玩具，也是孩子探索科学奥秘的基础。要想让积木拼的车子动起来，他需要了解更多关于齿轮之间的关系，也需要更多的专注力和耐心。这些都是孩子能够获得良好学业表现的良好品质。

我们都希望儿童步入少年时期后，学习能有足够的内在动力，促使他们去完成每一门课程的学习。那么回想起儿童时期的游戏，或许这些就是他们想要去了解世界奥秘的窗口，帮助他们建立起来作为一个人与他们所生活的世界之间的必然联系。他们能够学会去分解不同的任务，能够增进与父母之间的感情与交流，能够在这个小小的建构世界里完成自己的每一个梦想。这么看来，乐高的神奇之处就不仅仅是一类玩具而已了。表8.3列举了可以在家中进行的亲子乐高小游戏，供大家参考。

表8.3　乐高亲子小游戏

游戏名称	规则和玩法	游戏意义
拼图比赛	父母和孩子各自拥有一套乐高积木，比赛谁最快完成指定的模型构建	锻炼合作、速度和手眼协调能力
故事创作	父母和孩子轮流拼接乐高积木，每拼接一个部分，讲述一个连续的故事	激发想象力，培养叙事和协作能力
盲目建设	一个人在闭着眼睛的情况下，根据另一人的指示拼乐高积木	培养沟通和团队合作能力
主题挑战	设定一个主题，父母和孩子分别设计与主题相关的乐高模型，比赛谁的创意更具创新性	鼓励儿童发挥创造力，培养问题解决能力

续表

游戏名称	规则和玩法	游戏意义
迷宫设计	制作一个乐高迷宫，孩子尝试将小球或小人物从起点引导到终点	培养空间感知和逻辑思维能力
科学实验	使用乐高积木模拟科学实验，如制作小型火箭、简单机械装置等	引发对科学和工程的兴趣
建筑挑战	设定一个建筑任务，如建造最高的塔、最坚固的桥梁等，看谁能构建出最稳定和创新的结构	培养问题解决、设计和工程能力
数学游戏	使用乐高积木进行数学游戏，如建造几何图形、进行数数、解决简单的数学问题等	以趣味方式学习数学概念和技能
赛车比赛	制作小型乐高赛车，比赛谁的赛车能够在斜坡上滑行得更远或更快	培养创意设计和测试的能力
画廊展览	制作乐高艺术品，父母和孩子共同创建一个小型画廊，展示作品	培养艺术创意、分享和展示能力

04　风里面的奥秘

情景：

冬日里的风总是来得要凛冽一些，冷得皮皮捂着小耳朵直跺脚说："爸爸妈妈我的耳朵要被冷风吹掉了。"尽管每天都是开车接送皮皮，可眼瞅着皮皮的耳朵长了冻疮，爸爸妈妈也很着急。不仅如此，皮皮开始抗拒去幼儿园了，"太冷了，不想去，冷得耳朵疼。"皮皮两手一抱，任凭皮皮妈妈怎么劝说他都不肯去。兴许是因为长了冻疮让皮皮晚上又痒又疼睡不好，也或许皮皮对这个冷风来了脾气，不是感冒打喷嚏不舒服，就是耳朵被冻了不舒服。在皮皮的小小世界里，哪里都没有家里舒服。

星星老师说幼儿园最近很多小朋友都感冒了，几乎半个班的小朋友都没有去上课，快到冬至了天真的太冷了，想要调动小朋友们去户外活动的积极性也比暖和的日子要困难一些。小朋友总说："老师，风太大啦！我要被大风吹跑了！老师！风太冷了，我不想出教室！"所以星星老师给所有的小朋友布置了一个特殊的任务，就是和爸爸妈妈一起寻找风的特征是什么样子的，希望能够让孩子们在冷风中找到一些活动的乐趣。

这个小作业布置下来了以后，第一个为难的人是皮皮爸爸，风能有什么特点呢？风，无色无味，看不见，摸不着。星星老师布置了一个无解的任务，真是让人头大。皮皮妈妈也一筹莫展，风应该有什么样的特征呢？皮皮爸爸想起之前咨询过莫老师怎么带孩子进行游戏，莫老师说要让小朋友全身都动起来，让他们的感官系统发挥作用去认识这个世界。不如先问问皮皮吧，看看他对于风有什么样的印象。

"皮皮，你说什么时候我们可以看到风？爸爸妈妈怎么看不到呢？"皮皮爸爸向小皮皮求助了，"星星老师的这个小任务好难啊，爸爸没有搞明白怎么做，你能不能教教爸爸？"皮皮指着妈妈晾在窗外随风摆动的衣服说："那不就是大风吗？""可是看不到风啊？风是无形无色无味的。""爸爸，你拿一个塑料袋出去，看看能不能抓到风。"在皮皮的指挥下，爸爸看到了被风吹鼓起来的塑料袋，也看到了随风摆动的树枝。原来看见风并不是他们所理解的"看见"，而是能够通过眼睛发现风在哪里啊。

皮皮爸爸拿出一个气球来，吹满气以后对着皮皮说："你看爸爸给你表演一个会飞的气球，你看看能不能抓到它。"松开捏着气球嘴的手指，随着"吱"的一声，气球开始在房间里面乱窜，皮皮可是抓不到这个"淘气包"。那天，皮皮和爸爸在观察记录本上写下"奔跑的气球吹出的气是风，窗外摇摆衣袖的是风，吹鼓起波浪翻滚的是风，让树叶打旋的也是风"。皮皮则在旁边画了一只小眼睛，代表着这是他们看见的风。

莫老师小贴士

了解任何知识，都可以借助孩子们的感官系统，让孩子们动起来。通过自己的眼睛去观察、去找寻，哪怕是看不见的、无形的风，也可以被细心的眼睛观察到风曾经存在过的痕迹。这些都是带领幼儿进行科学探究小游戏的秘密。掌握了让孩子的感官系统动起来这个秘诀以后，亲子游戏便不会局限于固定的游戏规则、游戏场所或是特定的游戏材料。爸爸带着孩子可以进行无穷无尽的小游戏，而这些游戏都是孩子们喜欢的探索方式。

眼睛可以观察事物的外貌特征，如形状、颜色、大小等。鼻子可以嗅到不同的味道，远近的味道是否一致，不同场景下的味道是否有区别。耳朵可以听这个事物带来的不同声音，当幼儿闭上眼睛仔细倾听，便可以听到更细微的动静。舌头可以去品尝不同的味道，手能够通过触摸感受到一个东西是否光滑、柔软，或是其他感受。

在现在的幼儿园中，老师们每个学期会布置一定的主题，让幼儿学会通过自己的感官系统进行探索，找到一个主题的答案是丰富多样的，再把获得的信息进行排列组合、进行类比，找到相似的和不同的。最后用贴纸或者是相片，记录成册，这就是学龄前儿童进行科学探究的手段和方式。当然在家中，爸爸妈妈也可以带孩子去进行类似的探索，帮助孩子们学会观察的同时，能够将有效信息进行归类汇总，最后形成一个完整的观察记录手册。能够用自己的语言将获得所有信息的过程进行描述与讲解，这不仅锻炼了幼儿的语言表达能力，也锻炼了他们进行知识重构的能力。

情景：

温暖的阳光洒在皮皮爸爸和皮皮的身上，让他们感到宜人而温馨。这一天，他们像两名冒险家，继续在大自然的怀抱中展开一场奇妙的探索之旅。这次，他们决定用更多的感官，更加深入地感受风的神秘特性。

皮皮爸爸欣然提议："不如我们试着用鼻子来感受风的气味吧。"说罢，他们走到了一片绚烂的花坛旁，深深吸了一口气。皮皮的鼻子灵敏地嗅到了花朵的芬芳，微风中夹杂着一丝清新的香气，仿佛置身于一片绚丽的花海之中；随后，又闻到了松树的清新香气，仿佛漫步在青翠的森林中。皮皮忍不住感叹："原来风还能带来这么多不同的香气，真是充满了惊喜和美好！"他似乎与大自然之间建立起了一种深情的交流，每一种香气都仿佛是大自然对他的特殊问候，让他沉浸在芬芳的世界里。

他们又来到一个宁静的角落，轻轻地闭上眼睛，专心地用耳朵倾听微风的声音。皮皮爸爸鼓励皮皮专注地聆听，从环绕的声音中感知风的存在。突然，一阵微风吹过，树叶轻轻地摩擦，发出了低沉的沙沙声，仿佛是大自然在诉说着它的故事；随后，微风逐渐变得轻盈，树枝微微发出声音，像有小精灵在轻盈地起舞。皮皮不禁靠近些，沉浸在这美妙的声音中，仿佛在与大自然进行一场无声的交谈，每一个声音都是一种情感的交流，每一个声音都是一段美好的回忆。

"接下来，我们用嘴巴来感受风的味道。"皮皮爸爸微笑着说。他们找来一片薄薄的纸片，轻轻吹气，让纸片在微风中轻舞飘扬。皮皮伸开舌头，试图通过味觉来感知风的特点。虽然风本身并没有实际的味道，但皮皮仿佛能够品味到一种清新的气息，仿佛是大自然轻轻地吻过他的脸庞，带来了一份宁静与愉悦，令人心旷神怡。

通过这一系列的感官体验，皮皮和皮皮爸爸深刻地认识了风的多样特性。他们明白了风不仅是一种自然现象，还可以通过嗅觉、听觉、味觉和触觉来与我们互动，让我们感受到大自然的细微变化。这次的探索不仅增加了他们对自然的敏感，也加深了他们之间的默契和亲子情感。

他们的探险之旅远未结束，未来还有更多的机会和可能。皮皮和皮皮爸爸可以继续用创意的方式，深入挖掘风的奥秘，一同开启新的探索之旅。在这个过程中，他们不仅将获得知识，更重要的是，将培养出对大自然的深切感激之情，让父子情谊在风的吹拂下愈发坚固，与自然的和谐共生在一起。

莫老师小贴士

莫老师也为爸爸们提供了一些可以进行探索的小游戏，帮助各位爸爸和小朋友一起进行关于风的探索，见表8.4。这些活动能够让父亲与孩子一同探索风的神秘，感受大自然的美妙，培养亲子关系，同时也提升了孩子的多方面能力和兴趣。

表8.4　关于风的亲子游戏

活动名称	活动内容
制作风筝	制作彩色风筝，飞扬在天空中，感受风的力量，同时也培养动手能力和创造力

续表

活动名称	活动内容
亲子远足	在自然环境中散步，体验不同的风力，聆听风声，欣赏大自然的美景，增进亲子关系
吹气球比赛	亲子比赛，看谁能吹出更大的气球，体验吹气的力量，感受气流带来的变化
制作风铃	制作风铃，挂在户外，用风声营造出美妙的音乐，同时培养手工技能和审美能力
观察风车转动	在户外观察风车的转动速度和方向，讨论风力对物体的影响，培养观察和思考能力
进行气象观察	收集气象数据，如风速、风向等，比较不同时间和地点的数据，了解风的变化规律
创作风的诗歌或故事	用诗歌或故事的方式表达对风的感受，培养创意思维和语言表达能力
进行风能实验	制作简单的风车、风力发电机等，了解风的能量转化原理，培养科学实验兴趣
制作风向标	制作简单的风向标，观察它的指向变化，理解风的方向，培养动手能力和空间想象力
进行风景绘画	在户外或室内，观察风景的不同，用绘画表达风带来的变化和感受，培养艺术兴趣和创意

05   植物原来是这样生长的

情景：

在经过了上一次探索风的游戏以后，皮皮对冬季的抗拒情绪好像得到了一定程度的缓解。因为他发现了冬天的风和夏天的风相比，有那么多的不同之处。冬天的风，有时候会让小朋友冷得打喷嚏，但是也会带来清脆的声音。这是冬天独有的风。又到了周末，皮皮和皮皮爸爸继续着他们的探索之旅。这一次，他们的目光聚焦在了植物的奇妙世界。天气不错，皮皮爸爸领着皮皮来到了一片宁静的花园，一场关于植物的探险即将开始。

"你知道植物是如何生长的吗？"皮皮爸爸的声音中充满兴奋。皮皮好奇地摇了摇头，他从未真正思考过这个问题。皮皮爸爸微笑着继续说道："植物就像是大自然的魔法师，从一个小小的种子开始，逐渐成长为美丽的花朵和高大的树木。你愿意和我一起揭开这个神秘的面纱吗？"

　　于是，他们的探险之旅开始了。首先，皮皮爸爸带着皮皮来到了花园里的一块空地，仔细观察着一株刚刚冒出土地的小苗。皮皮爸爸解释说："它的生长起始于种子，种子在适宜的环境中，通过吸收养分，开始发芽。"皮皮爸爸取出一颗种子，让皮皮端详，然后轻轻将它埋进了泥土中，仿佛一个微小的希望已经在地下孕育。

　　他们走到了一棵高大的树旁，皮皮爸爸解释说："植物的生长是一个连续的过程，它们通过根部吸收养分，通过茎和叶子进行光合作用，从而产生能量。就像你每天要吃饭、睡觉、运动一样。植物也需要吃饱喝足，好好休息，才能够长大。"皮皮爸爸鼓励皮皮仔细观察树的根部，让他感受到根深蒂固的力量，就像是大自然的基石一样。"爸爸！这个树根我都掰不动！"皮皮想用自己的小手指去抠那盘旋了好几圈的树枝。"这是一棵老树啦，它的年龄恐怕要比爸爸还大，你当然掰不动了。"

　　"爸爸，植物可以活多久呢？比你活得还久，比爷爷还活得久吗？那大树的妈妈呢？大树的爸爸妈妈会不会想它？大树的爸爸妈妈怎么把大树生下来的呢？树怎么会生种子啊，好奇怪。"皮皮又开始了一连串的提问。皮皮爸爸解释道："植物有很多不同的繁殖方式，常见的是果实散播，这样种子就会被带到世界的各个角落。一棵大树的爸爸妈妈不一定就是身后的另外两棵更大的树，有可能它的爸爸妈妈在很远的地方，而且从来没有见过面呢。"皮皮爸爸带着皮皮来到了一个果园。他们仔细观察果实的形态和种子的分布，讨论了不同植物如何进行繁殖。皮皮仿佛身临其境地感受到了植物世界的生命力。

"还有一个有趣的现象叫作光合作用。"皮皮爸爸带着皮皮来到一片树荫下。他们观察阳光透过树叶间形成的斑驳光斑。皮皮爸爸解释说:"这是因为植物吸收了阳光中的能量,然后利用这个能量进行光合作用,产生生命所需的营养。"皮皮目不转睛地凝视着树叶上跳跃的光影,仿佛进入了一个神奇的能量转化的世界。

通过一系列观察和解释,皮皮开始逐渐理解了植物的成长之道。他不再只是看到了美丽的花朵和繁茂的树木,他还知道了它们是如何生长、如何在大自然中扮演重要的角色。皮皮爸爸鼓励着他:"皮皮,大自然是一个充满奥秘的宝库,只要你用心去观察,就会发现无限的精彩。"

◎ 莫老师小贴士

大自然的奥秘是科学领域又一个重要的组成部分,爸爸妈妈可以带小朋友在小区里观察不同的植物,如花、草、灌木丛、树木等。让孩子去领略大自然所带来的关于植物这个世界的魅力。

还可以给孩子们讲解不同种类的树叶到底是什么样子的,或是不同花朵的花期有多长,也可以为孩子们讲解水果是怎么来的。

表 8.5 为爸爸们列举了一些可以在家里或是小区里就能完成的植物小游戏,供大家参考。

表 8.5　植物主题亲子游戏

活动名称	活动内容
寻找种子	规则：在户外或花园中隐藏着一些不同种类的种子，孩子和父母一起寻找。用途：通过寻找种子，让孩子认识不同植物的种子，了解它们的外观和特点，培养观察力和好奇心
植物迷宫	规则：在花园中设置迷宫，迷宫中的路线用不同的植物标记。孩子和父母一起解迷宫，跟随正确的植物路线。用途：通过游戏，让孩子认识不同植物，学习它们的特征，锻炼空间感知能力
花朵拼图	规则：将不同植物的花朵照片剪切成碎片，孩子和父母一起拼成完整的花朵图片。用途：培养孩子的注意力和耐心，让他们了解不同植物的花朵形态，认识花朵的多样性
果实品尝	规则：准备一些不同的水果，孩子和父母一起品尝并讨论它们的味道和口感。用途：通过品尝水果，让孩子了解不同植物的果实，学习它们的味道特点，促进亲子间的交流
植物画廊	规则：将一些植物的图片贴在墙上，孩子和父母一起欣赏，并互相讲解植物的特点和用途。用途：培养孩子的艺术欣赏能力，让他们认识不同植物的外观和功能，促进亲子间的知识分享
有趣叶子标本收集	规则：在户外寻找不同形状、颜色的叶子，收集回来后，孩子和父母一起分类、整理。用途：通过收集叶子，让孩子认识不同植物的叶子，锻炼分类整理能力，培养对自然的热爱
植物繁殖模拟	规则：用塑料袋模拟风，将塑料袋中的小物品（代表种子）吹到不同地方，孩子和父母观察物品的分布。用途：通过模拟风传播种子，让孩子理解植物的繁殖方式，激发他们对生态的兴趣
花语传递	规则：为不同的花朵编写一些简短的信息，孩子和父母交替选择花朵，通过花语传递信息。用途：让孩子了解不同花朵的象征意义，培养创意思维，加强亲子间的情感交流
制作植物日记	规则：在花园中观察植物的生长变化，孩子和父母记录下观察结果和感受，定期更新日记。用途：培养孩子的观察和记录能力，让他们了解植物的生命周期，激发对自然的热情
植物探险	规则：在户外或公园中进行植物探险，孩子和父母一起观察植物、收集标本，并讨论它们的特点和用途。用途：通过亲自探索，让孩子更深入地了解植物

06　用小动物找不同

情景：

星期六的早晨，阳光透过窗户洒在皮皮的床上，唤醒了他的好梦。皮皮揉着眼睛坐了起来，他的房间里摆满了各式各样的玩具动物，有小熊、小兔、小象还有小狗。皮皮最喜欢的玩具是他的小狐狸。它毛茸茸的，有一双大大的眼睛，仿佛在看着皮皮。

皮皮看着桌子上的小狐狸，突然想起了一道谜题："爸爸，你知道为什么小狐狸和其他玩具动物不一样吗？它们有什么不同的地方？""那你说呢？"皮皮爸爸反问他。皮皮一本正经地思考了一会儿，"也许是因为小狐狸有长长的尾巴？""很有可能哦，但是还有其他不同之处呢！"皮皮爸爸透露出一丝神秘。

皮皮爸爸决定带他去动物园。皮皮开心地跳了起来，因为他非常喜欢动物。动物园里有海洋动物、陆地动物和空中的动物，每个区域里都有各种各样的动物。皮皮感觉进入了一个比植物世界更为神奇的世界。

　　一入园就是海洋动物区域,水池里有海豚、海龟、小丑鱼和鲨鱼。皮皮站在玻璃前, 认真地观察着每只动物, 发现它们的外形、颜色和动作都不一样。他指着海豚和海龟问:"爸爸, 你看, 这两种动物有什么不同?"皮皮爸爸鼓励他继续观察, 然后回答:"海豚是哺乳动物, 而海龟是爬行动物。"皮皮听了爸爸的解释后, 满怀兴趣地继续观察其他的动物。他发现水池的另一边有一条小丑鱼, 五颜六色的身体吸引了他的注意力。皮皮好奇地问:"爸爸, 为什么小丑鱼的颜色这么亮?"皮皮爸爸微笑着回答:"小丑鱼的鲜艳颜色可以帮助它吸引伙伴。在海底的暗淡环境中, 这些颜色让它更容易被其他小丑鱼认出, 也能吓跑一些捕食者。"皮皮若有所思点点头。

　　紧接着是陆地动物区域, 这里有大象、长颈鹿、老虎和猴子。皮皮看到长颈鹿在吃树叶, 想起了之前的问题:"爸爸, 长颈鹿和大象有什么不同呢?"皮皮爸爸帮助他回答:"长颈鹿的脖子很长, 适合吃树上的树叶。""可是这个脖子也太长了吧!"皮皮好奇地问, "爸爸, 长颈鹿的脖子为什么这么长? 牛和羊的脖子没有那么长。"皮皮爸爸笑着解释:"因为长颈鹿生活在草原上, 它们可以用长脖子够到其他动物够不到的高处树叶, 这样就能找到更多的食物。""那长颈鹿还真厉害呢。"皮皮对爸爸的回答很满意。

　　动物园的第三个区域是飞禽区域, 看到了各种各样的鸟类。皮皮被一只五颜六色的鹦鹉吸引住了:"爸爸, 这只鹦鹉和其他鸟有什么不同?"皮皮爸爸看着皮皮说:"一些鹦鹉会模仿人类说话, 是很受我们喜欢的鸟类。"在动物园里游览完毕后, 皮皮和爸爸坐在长椅上休息。皮皮突然想到了一个问题:"爸爸, 我们在动物园看到的动物有的有毛、有的光溜溜的，这是为什么？"皮皮爸爸耐心地解释："这是因为不同的动物生活在不同的环境中，它们适应了不同的生活方式。有毛的动物通常生活在寒冷的地方，毛可以保暖；有羽毛的鸟类可以飞行，羽毛帮助它们保持平衡和飞行；而光溜溜的动物可能生活在炎热的地方，光滑的皮肤可以帮助它们散热。"

回到家中，皮皮拿出了之前舅舅送给他的动物百科，今天他见到了书中的许多动物。他一页一页地翻看，发现了很多有趣的事情。看着书中的插图，皮皮兴奋地说："爸爸，书上还有好多动物，你能不能再给我讲讲呀？"就这样，皮皮爸爸陪着皮皮又看了好一会儿书，皮皮才恋恋不舍地进入梦乡。

◎ 莫老师小贴士

在幼儿的探索学习过程中，提出问题是激发好奇心和思考能力的有效方式。让幼儿自己思考、猜测，然后通过实际观察和实验来验证答案，是培养他们科学思维的重要方法。同时，通过游戏的方式引入问题，可以让幼儿更主动地参与到学习中来，从而更好地掌握知识。利用实际场景和观察，可以让幼儿更直观地认识事物的差异和特点。在动物园这样的环境中，幼儿可以近距离观察各种不同的动物，从而培养他们对事物特征的辨别能力。同时，鼓励幼儿提出问题，通过比较和观察找出答案，可以促进他们的思考和学习兴趣。

利用具体的例子，让幼儿比较和发现事物的不同之处，可以帮助他们建立起对分类和归纳的认知能力。在探索的过程中，引导幼儿思考为什么动物有不同的特点，培养他们的逻辑思维和观察能力。帮助幼儿理解事物的特点和形成原因，可以培养他们的探索和思辨能力。引导幼儿从生态环境、生活习性等多个角度去思考，从而拓展他们的知识面和认知深度。

　　例如在海洋动物区域，通过观察海豚、海龟、小丑鱼和鲨鱼等不同种类的动物，皮皮培养了对动物特点的敏感性和辨别能力。他能够注意到外形、颜色和动作的差异，并勇敢地提出问题，展现了他的好奇心和学习热情。皮皮爸爸鼓励他继续观察，并从中引导他发现海豚和海龟作为不同类型的动物，有着各自的特点，帮助他建立起对动物分类的基本认知。

　　而幼儿的好奇心常常源于对事物的独特之处产生的疑问。在幼儿提出问题时，父母可以以开放性的方式回应，鼓励他们自己思考和观察。父母可以借助这些问题，引导幼儿探索事物的原因和影响。在回答问题时，尽量用简单易懂的语言，并且可以通过类比或生活例子来帮助幼儿理解抽象的概念。同时，引导幼儿从更深层次去思考问题，帮助他们建立起对事物本质的理解。通过这种亲子互动，幼儿不仅可以获取知识，还能培养解决问题的能力和自信心。

　　参观动物园也能够帮助幼儿建立起关于动物科学的基本认知。不仅对动物能够有更为丰富的了解，更重要的是帮助幼儿认识我们所生活的地球环境，除了人类居住于此以外，还有动物以及植物。通过让他们去观察动物生活的环境，感悟到人和大自然的共生关系，建立起保护大自然、爱护地球的环保意识。

家长们可以从物理科学、化学科学、数学科学、动植物科学这些不同的科学领域，带着孩子去领略专属于科学的独特魅力。除了在家中进行游戏以外，爸爸们也可以利用周末的时间，带孩子们去科技馆听更专业的知识讲解。幼儿对科学的兴趣和好奇心，对科学某一个领域能够持之以恒感兴趣，是他们在未来有一个坚定的目标去达成的最好内在动力。

第
九
章

和爸爸一起学会爱

01　一起爱妈妈

情景：

　　这一年很快就要过去了，转眼间皮皮就快要到 6 岁了。年末是皮皮妈妈的生日，随着她的生日临近，皮皮和皮皮爸爸都在为皮皮妈妈策划一个特别的生日惊喜。皮皮妈妈一直是他们生活中最温暖的存在，他们决定用一种特别的方式来表达对妈妈的感激和爱。

　　在皮皮的房间里，桌子上摆满了彩纸、贴纸和五颜六色的画笔。皮皮坐在桌前，认真地剪着心形的彩纸，爸爸则在一旁精心绘制生日卡片。皮皮眨巴着眼睛，好奇地问："爸爸，咱们要做什么呀？"皮皮爸爸笑着回答："皮皮，咱们要一起制作一个特别的生日礼物，来感谢妈妈一直以来的关爱和付出。"

　　皮皮点点头，拿起画笔开始认真画画。他画了一个太阳、一片云，还有一个房子，房子前面站着一个笑脸的小人。皮皮的画虽然简单，但充满了童真和温馨。皮皮爸爸则在卡片上写下了一段特别的祝福："亲爱的妈妈，你是我和皮皮生活中最重要的人，你的微笑是我们最大的幸福。在你生日的这一天，我们想用这份小小的礼物表达对你无尽的感激和爱意。"

　　当卡片制作完成后，皮皮和皮皮爸爸决定为皮皮妈妈准备一顿丰盛的早餐。他们一起进入厨房，准备妈妈最喜欢的食物。皮皮认真地搅拌着鸡蛋，皮皮爸爸则烤着香喷喷的面包。皮皮妈妈一直是家里的"厨神"，这一次他们想要为妈妈献上自己的心意。在皮皮妈妈生日当天早上，皮皮和皮皮爸爸将准备好的早餐和手制的卡片放在了餐桌上。当皮皮妈妈走进厨房时，看到这温馨的一幕，感动得热泪盈眶。皮皮微笑着说："妈妈，生日快乐！这是我们为您准备的特别惊喜，希望您喜欢！"皮皮爸爸也走上前，递上精心制作的生日卡片。

　　皮皮妈妈泪眼婆娑，紧紧地拥抱着皮皮和皮皮爸爸。她感受到了他们深深的爱意，也感受到了家的温暖。皮皮妈妈说："谢谢你们，这是我收到的最特别的生日礼物。有你们在，我觉得非常幸福。"皮皮和皮皮爸爸互相对视，都看到了对方眼中的欣慰和喜悦。在皮皮妈妈的生日里，他们度过了愉快的一天。他们一起去公园散步、玩耍，享受了一顿美味的晚餐。在回家的路上，皮皮突然想到一个问题："爸爸，我们为什么要庆祝生日呢？是不是因为妈妈变成了更大一岁的年龄？"皮皮爸爸笑着回答："不仅是这个原因，生日是一个特殊的日子，代表着我们来到这个世界的日子，而庆祝生日，更是表达对生命的感激和对成长的庆祝。"

　　皮皮听着爸爸的回答，陷入了深思。他似乎明白了更多，生日不仅是庆祝年龄的增长，更是对生命和爱的一种庆祝和表达。在回家的路上，他默默地想着，以后他也要用自己的方式去感恩和爱护那些关心和爱他的人。这一天虽然很快就结束了，但皮皮和皮皮爸爸为皮皮妈妈准备的惊喜和他们一起度过的美好时光，将成为他们珍藏的回忆，温暖着他们的心。在未来的日子里，他们会继续一起走过更多的日子，一起去爱、去感恩、去成长。

皮皮和皮皮爸爸的关系也在这个特别的日子里变得更加亲近。他们一起策划、制作、庆祝，这份共同的努力让他们更加了解彼此。皮皮也从这个过程中学到了许多，他懂得了用自己的方式表达感情的重要性，也明白了感恩和爱的力量。

从那天起，皮皮更加关心妈妈的需要，尽量在日常生活中多表达对她的关爱。他会主动帮妈妈做一些力所能及的事情，如整理房间、洗碗等。每当妈妈疲惫时，皮皮会递上一杯温暖的茶，关切地问候。这些小小的举动让妈妈感到无比温馨和感动。皮皮妈妈明白，孩子的成长不仅是生理上的，更是心灵上的。

皮皮爸爸也在这个过程中与皮皮建立了更深厚的父子情感。这让他明白，通过参与孩子的生活，了解他的想法和需求，可以让父子之间的纽带更加牢固。在与皮皮一起制作生日惊喜的时光里，爸爸也有成长和感情的满满收获。这个家庭变得更加温暖和谐，每个成员都在用自己的方式去爱和被爱。在爱的滋润下，他们一起成长，一起迎接未来的所有挑战。生活中的每一个特别时刻，都成为他们幸福的源泉，让他们更加明白，一起去爱，是多么美好的事情。

莫老师小贴士

对一个家庭而言，让孩子学会爱妈妈的最好的方式就是爸爸展现出来对妈妈足够多的关心和爱护。如果爸爸平时对妈妈的关心就很少，很难让孩子看到爸爸的行动，那么他/她自然也不会懂得尊重妈妈的劳动成果，体谅妈妈或是照顾妈妈。

爱对孩子来说，是人生中非常重要的一课，能够帮助他们建立良好的价值观和情感连接。家庭成员之间的关系和互动，尤其是父母之间的示范和互助，会在孩子的成长道路上起重要的作用。

通过亲身的经验和行动，父母能够教会孩子如何关心、尊重、爱护他人，从而培养出积极的人际关系和社会责任感。

爱妈妈不仅是一种行为，更是一种情感和态度。在孩子的心灵成长过程中，爸爸应该成为他们学习和理解爱的模范。父亲的关心和尊重，将激励孩子去感受爱的真谛，明白付出和关爱的重要性。

这不仅是对妈妈的尊重，也是在教育孩子如何成为更好的人，为他们未来的人生打下坚实的基础。

通过这一节的故事，希望各位爸爸妈妈明白父母在孩子成长中的重要作用，特别是在塑造他们的价值观、情感表达和人际交往方面。

一个充满爱与关怀的家庭，将培养出有爱心、有责任感的下一代，也为社会的和谐发展作出了重要的贡献。让孩子学会爱妈妈正是爱的第一课，爸爸和妈妈用爱去构建一个温馨而美好的家庭，才能培养出快乐、健康、有爱心的孩子。

如果爸爸们不太确定可以通过哪些行为来教孩子一起爱妈妈，请参考表9.1。

表 9.1 爱妈妈行为模式参考表

行为参考	爸爸参与方式	孩子参与方式
帮助家务	爸爸和孩子一起洗碗、做饭，展现家庭合作，让孩子理解分担责任的重要性	孩子可以帮助洗碗、清理桌子，一同参与烹饪
关心妈妈	爸爸和孩子一起关心妈妈的近况，倾听她的故事，培养孩子的倾听和关心能力	孩子可以在妈妈面前表达对她的关心，询问她的一天过得如何
惊喜礼物	爸爸和孩子一起为妈妈准备惊喜礼物，展现出孩子的创意和关爱，共同策划惊喜	孩子可以参与选择礼物、制作卡片等
体贴照顾	爸爸和孩子一起照顾妈妈，为她倒杯茶、准备妈妈爱吃的水果和点心，询问她的需求，培养孩子的体贴和关爱之心	孩子可以帮忙倒茶、整理妈妈需要的物品
分享兴趣	爸爸和孩子一起分享兴趣爱好，邀请妈妈一同参与，了解妈妈的兴趣爱好，增进家庭成员之间的默契和互动	孩子可以提议一起做某个活动，如看电影、野餐等
陪伴时间	爸爸和孩子一起陪伴妈妈，共同度过美好时光，增进家庭成员之间的亲密感情	孩子可以一起散步、看电视或是妈妈想做的其他活动
尊重和尊敬	爸爸和孩子一起对妈妈的意见和决定表示尊重，鼓励孩子理解并尊重他人的权利	孩子可以在家庭讨论中倡导尊重意见的文化
感恩表达	爸爸和孩子一起表达对妈妈的感恩之情，培养孩子的感恩心态，让他们学会珍惜他人的付出	孩子可以亲自制作感谢卡，表达他们的感激之情
共同决策	爸爸和孩子一起参与家庭决策，让孩子感受到平等参与的重要性，培养他们的团队合作精神	孩子可以提出自己的建议，参与家庭决策讨论
鼓励赞扬	爸爸和孩子一起鼓励和赞扬妈妈的努力和成就，培养孩子的积极态度和鼓励他人的品质	孩子可以在妈妈取得成就时送上赞美的话语

02　爱的传承

情景：

一大早，太阳透过窗户洒进了皮皮的房间，把他的床照得暖暖的。皮皮迷迷糊糊地从床上坐起来，正巧皮皮爸爸敲了敲门，笑着说："皮皮，起床啦！今天我们一起去市场买菜，准备一顿丰盛的早餐。"皮皮顿时变得兴奋起来，他立刻跳下床，换好衣服，然后和爸爸一同走向厨房。皮皮爸爸已经准备好了购物袋，笑着说："今天我们要准备一顿特别的早餐，你有什么想吃的吗？"皮皮想了想，说："我想吃煎饼果子！"

于是，皮皮爸爸和皮皮一起走出了家门，朝着市场的方向出发。路上，皮皮忍不住问爸爸："爸爸，为什么我们要一起去买菜呢？平时妈妈买菜都是从手机上买的呢。""皮皮，这不仅是买菜，还是一次带你长见识的机会。爸爸小时候周末都和爷爷奶奶一起去逛市场，里面有很多人在卖各种各样的东西，除了菜以外还有很多生活用品。爸爸带你去市场感受一下我童年的周末怎么样？""好呀，爸爸。"皮皮爽快地答应下来。

爸爸开了半个小时的车，终于来到了市场，停好车，牵着皮皮一起走进市场。他们看到许多摊位上摆满了各种各样的食材。爸爸挑了一些新鲜的蔬菜，皮皮边帮爸爸拿菜边听爸爸讲解不同的蔬菜可以拿来做什么好吃的，比如今天的煎饼果子就需要很嫩的葱。

突然，一位奶奶吸引了他们的注意。她手里拿着一个篮子，看上去有些吃力。皮皮爸爸看着皮皮，笑着说："皮皮，看，那位奶奶似乎需要帮助，我们去看看能不能帮忙。"皮皮点了点头，他们走到老奶奶面前。"奶奶，需要帮助吗？"老奶奶不紧不慢地说："小伙子，能帮我把这篮子水果拿到那边的货摊上吗？我的腰有点不太灵活了，这会儿疼得厉害，一点也拿不动了。"皮皮爸爸毫不犹豫地接过篮子，跟着老奶奶的指引，将水果放到了指定的地方。老奶奶感激地说："真是麻烦你了，太感谢了。""不用客气，老人家。"皮皮爸爸回答。

皮皮脸上满是困惑，问爸爸："为什么你都没有考虑一下就去帮老奶奶了呢？"皮皮爸爸拍了拍裤子上的泥土，说："皮皮，那位奶奶的岁数大了，爸爸希望你能够在力所能及的情况下学会帮助有需要的人。平时你很少坐公交车，但是之前我们玩公交车游戏的时候，如果遇到老爷爷、老奶奶要怎么做来着？""要让座。""对呀，有一天爸爸也会变成老爷爷，你希望有人帮助爸爸吗？""希望。""对呀，你今天帮助了老奶奶，以后也会有其他小朋友来帮助爸爸，你说对吗？"

回到家中，皮皮爸爸和皮皮一起动手准备早餐。爸爸教皮皮怎样洗菜、切菜，然后一起忙碌着做美味的煎饼果子。在烹饪的过程中，皮皮爸爸还跟皮皮分享了一些他小时候与爷爷奶奶一起做早餐的趣事，说自己小时候有多么顽皮，一口气打了五颗鸡蛋在炉子上，来不及摊成蛋皮就全部糊了。皮皮那一瞬间好像看到了年幼的爸爸和年轻的爷爷在厨房里忙碌的样子。"爸爸，如果以后我生了儿子，我也要和他一起做早餐。"皮皮爸爸摸了摸他的头："好儿子，我们吃完以后，再做几个给爷爷奶奶送过去好不好？"

就在一家人甜甜蜜蜜地一起吃早餐的时候，爷爷奶奶敲响了皮皮家的门，只见爷爷手上拎着新鲜蔬菜和肉。"皮皮，你看奶奶给你带什么好东西来了！"奶奶展示了手上的白条鸡，"奶奶来给你们做白切鸡吃！""太好了，太好了，奶奶我们正准备吃完给你们做煎饼果子送过去呢！"皮皮紧紧抱住了奶奶的腿。"爸爸，我们快点给爷爷奶奶做早餐吧，奶奶你们就等着享福吧！"皮皮和皮皮爸爸又一头扎进厨房里忙活起来。

对于皮皮来说，这是家庭中普通的一顿早餐，但是又那么不一样。因为在今天他听到了爸爸儿时的故事，这让他觉得一家人在一起吃早餐变得更加美妙。特别是准备给爷爷奶奶做煎饼果子的时候，爷爷奶奶居然也惦记着自己，买了菜来到家里。难道这就是一家人的默契吗？或许，这是一家人之间的爱，皮皮长大以后就会知道了。

🎯 莫老师小贴士

有的时候，会有一些家长前来咨询为什么自己的孩子没有礼貌，不懂得尊重老人。为什么自己的孩子不够体谅爷爷奶奶，还和外公外婆吵架。为什么老人帮忙带孩子总是让自己夹在中间两头为难。其实这些为什么的答案仍然是"你有没有给孩子做一个好榜样"。

不论是让孩子学会爱自己的爸爸妈妈，还是希望孩子能够学会爱身边的其他长辈，父母永远都是最大最直观的那面镜子。爸爸妈妈如何对待路上一个人哭泣的小朋友，孩子也会用同样的方式对待别人。如果孩子的爸爸能够在他面前树立"关心他人，爱护自己的亲人"这样的好榜样，孩子也会牢记一个家庭能够一起度过每个平凡的日子。这些都是让孩子变成一个温暖的小朋友，学会感激他人付出、学会关心他人，能够用心去对待他人，能够学会爱的最好方式。

其实有时候我们在父母面前，对待孩子反而会变得不那么有耐心，甚至有一些苛刻。

退一步来说，如果我们都无法做到平心静气地与父母相处，那么孩子又怎么能够学会与其他长辈或是家庭成员相处呢？可以参考表 9.2 的家庭活动，帮助你让孩子与长辈建立起亲密连接。

表9.2　三代人的家庭活动项目表

活动名称	活动内容	活动目的
一起做饭	带着小朋友和爷爷奶奶一起做家常菜，分享烹饪的乐趣	增进亲子间的合作意识和团结感，传承家庭烹饪传统
室内手工活动	制作手工艺品，如折纸、绘画、编织等，创造艺术的欢乐	提升创意和协作能力，同时分享成果加强感情
一起阅读	读故事书、绘本等，共同探索阅读的乐趣	培养孩子阅读兴趣，同时促进三代人交流

续表

活动名称	活动内容	活动目的
植物养护	共同照顾花园或盆栽，培养孩子的责任感和关心自然的意识	教育孩子关爱环境，分享植物成长的喜悦
观看老电影、老相片	欣赏过去的录像带和照片，分享家庭记忆	促进三代人交流，让孩子了解家庭历史和文化
户外郊游	一起去公园、动物园、博物馆等，探索自然和知识	促进三代人身心健康，共同探索世界
家族手工制作	制作家庭纪念品、家谱等，强化家庭纽带	让孩子了解家族历史，培养家族归属感
一起做运动	骑自行车、散步、打球等，促进三代人的健康和活力	培养健康生活方式，拉近亲子关系
一起做手工美食	制作饺子、糕点等，传承美食文化和家庭传统	分享烹饪的乐趣，培养孩子的动手能力
制订家庭出行计划	计划一次家庭旅行、聚会等活动，共同策划并实施	培养孩子的组织和规划能力，促进家庭团结

03　宝贝也要爱自己

情景：

清晨的阳光透过窗户洒进皮皮的房间，光线轻柔地照着他的脸庞。皮皮慢慢从梦中苏醒，揉揉惺忪的睡眼，猛地想起今天有个特别的计划。他急忙起床，快速刷牙洗脸，换好衣服。吃完早饭，皮皮爸爸笑容满面地说："准备好了吗？"皮皮的眼睛一闪一闪的，紧紧跟上了爸爸的脚步，与爸爸一起把今天游戏中要用到的东西摆放好。

皮皮爸爸说："我们要展开一场宝藏之旅，但在开始之前，我希望你能用画笔表达出你内心的感受。"虽然没有完全明白爸爸说的表达内心感受是什么意思，但是皮皮感觉自己是期待宝藏之旅这个游戏的。皮皮坐在桌前，拿起一支画笔，略带紧张地开始在画纸上进行自己的创意。他的手不停地舞动，勾勒出一艘小船，背景是广阔的海洋和明亮的太阳。这幅画似乎传达出勇敢探索未知的决心。皮皮投入地作画，时不时看看爸爸，好像在等爸爸给出他对这幅画的回应。

"爸爸，有时候我会觉得自己不够好、不够聪明，怎么办？"皮皮停下了画笔，忍不住说出内心的疑惑，"就像这会儿，我觉得我画得一点都不好。"皮皮爸爸认真地说："宝贝，每个人都是独一无二的，都有自己独特的闪光点。所以你的画也是独一无二的，爸爸从画里看到了一个想要去冒险的小勇士。你要相信自己，不要因为困难而气馁，你已经很棒了，而且你还会变得更好。"

皮皮的眼神里充满了困惑："爸爸，你为什么总是相信我，觉得我很棒？因为我是你的儿子，还是因为你真的觉得我画得还不错？"皮皮爸爸轻轻拍了拍他的肩膀："爸爸也曾经是一个小男孩，爸爸也一直觉得自己不够好，总是怀疑自己。但是，突然有一天爸爸意识到，成长是一个积累经验和领悟的过程，明天的自己总能比今天的自己更好。如果自己都不相信自己，自己都不爱自己，别人怎么会相信你呢？"

皮皮终于完成了自己的作品，他的小船在波涛汹涌的海面上勇敢前行，仿佛要征服一切未知的领域。皮皮爸爸赞赏着皮皮的作品，然后取出一本相册，里面珍藏着皮皮成长的点滴。他们一起翻阅，皮皮爸爸生动地分享了他小时候的趣事，欢声笑语在房间里回荡。

"爸爸，我长大了也要像你一样，充满自信，也要懂得爱自己。"皮皮坚定地说。爸爸抱起他，温柔地说："亲爱的宝贝，你已经在努力，做得很好了，我会一直支持你。"

在这个游戏中，皮皮爸爸用行动和陪伴向皮皮传递了如何爱自己的重要信息。皮皮明白，这份爱不是简单的口头表达，而是需要通过坚定的信念和积极的态度来实现。他知道，只有真正懂得爱自己，才能更好地去爱身边的人和事，创造出更美好的生活。

午后的阳光透过窗户洒进客厅，落在皮皮家靠近阳台的木头书桌上。此刻皮皮正在桌前专注地做着思维课的练习册，居然没有让爸爸妈妈来帮忙，这让皮皮妈妈感到诧异。皮皮的脑海中还回荡着爸爸的鼓励，"相信自己，自己可以做完的！"皮皮妈妈走过来，轻言细语地问道："皮皮，今天怎么没有叫爸爸妈妈陪你一起做作业啊？连线题都做出来了吗？"皮皮抬起头，露出自信的笑容："当然做出来了，我知道我一定可以做得很好，因为爸爸说我要相信自己。"皮皮妈妈鼓励地拍了拍他的肩膀："很好，宝贝。自信是成功的第一步，你会越来越棒的。"

傍晚时分，皮皮和爸爸一起去了公园。他们在绿草地上奔跑着，享受着和风拂过的感觉。突然，皮皮注意到一个小男孩正坐在秋千上哭泣，看上去有些孤独。他停下脚步，对爸爸说："爸爸，我想去看看那个小朋友，也许我能帮到他。"皮皮爸爸点点头，鼓励地说："去吧，宝贝。帮助别人也是一种爱自己的方式。"皮皮走到小男孩身边，温和地问道："你怎么了？需要帮助吗？"小男孩抬起头，泪眼汪汪地望着皮皮："我找不到我的玩具车了。""别难过，我可以帮你一起找，也许我们能找到它。"

他们一起在草地上寻找着，皮皮不仅在心里鼓励自己，也不停地鼓励小男孩："不要放弃，我们一定能找到。"就在他们用心寻找的时候，皮皮发现了一个闪闪发光的轮子，它藏在了一株小小的树丛后面。他高兴地捡起玩具车，递给小男孩："看，我们找到了！"小男孩开心地接过玩具车，眼里闪烁着感激和欢喜："谢谢你，你真好!"皮皮的眼里也闪烁着骄傲的光:"不客气，小朋友之间互相帮助是理所当然的。"他看了一眼爸爸，也感受到了爸爸赞许的目光。

回到家中，皮皮和爸爸坐在一起，享用着晚餐。皮皮突然想起一个问题:"爸爸，刚才我帮助那个小男孩，我觉得心里很开心，这也是爱自己的一种方式吗?"皮皮爸爸欣慰地点点头:"没错，宝贝。帮助他人不仅让他们开心，也会让自己感到满足和快乐。正如上午我和你说的，爱自己意味着要在积极向上的心态下去影响和帮助他人，让自己和周围的世界都变得更美好。"皮皮心领神会，眼中充满了希望和善意。他知道，爱自己不仅是关心自己的成长，更是在关爱他人、帮助他人的过程中找到自己的价值和快乐。在皮皮爸爸的引导下，皮皮会不断学会如何爱自己，如何用真诚和善意去构建美好的人生。

莫老师小贴士

对幼儿来说，学会爱自己是一项具有挑战性的任务。这个阶段的他们正处于成长的过程中，对自己的认知和理解还在不断发展。与爱爸爸妈妈或是爱他人相比，爱自己需要更多的内省和认知，因为这意味着要建立起最基本的自我认同。"我知道自己是一个什么样的小朋友，我知道自己喜欢什么，我知道我有什么样的优缺点，我喜欢我自己。"这样的自我认同并非一蹴而就，而是一个逐渐建立起来的过程。幼儿正处于对自己身份的探索中，他们需要从与家人、朋友互动中汲取信息，逐渐形成对自己的理解。而"自我认同"对很多成年人来说，都仍然是一个难题。

　　幼儿园中的一些教学活动和小朋友们的自主游戏时间都成为他们建立自我认同的重要环节。在这里，他们会通过认知活动、创造性的游戏和小朋友们进行合作，发现自己的兴趣爱好，了解自己的个性特点。例如，小朋友可能会意识到自己喜欢画画，也可能发现自己在解决问题时很聪明，这些发现将逐渐构成他们自我认同的一部分。

　　然而，自我认同的建立并非一帆风顺。在成长过程中，小朋友可能会面临自我价值的质疑和自我比较的困扰。这时候，父母和教育者的引导尤为重要。他们可以鼓励孩子从积极的角度看待自己，强调每个人都有自己独特的价值，不需要过多担心与他人的比较。当然，创造积极的环境也有助于孩子建立自信和自尊。鼓励他们尝试新的事物，给予肯定和鼓励，让他们在成长的过程中感受到自己的进步和成就。父母和老师的赞许和支持，可以成为孩子形成积极自我认同的关键因素。

　　在这个过程中，幼儿的自我认同不仅关系到他们个人的发展，还会对他们与周围世界的关系产生影响。一个懂得爱自己的小朋友，更有可能在与他人互动时表现出积极的态度和善意。

　　因此，家长和教育者的耐心引导和正面影响，将在孩子建立自我认同方面起到重要作用。正如成年人都会在生活中不断地追求自我认同和自我价值感，幼儿的自我认同建立也是一个长期的过程。

　　只有在一个支持和鼓励的环境中，他们才能更好地了解自己、爱自己，从而在成长的道路上越走越坚定。那么如何帮助幼儿建立起"自我认同"呢？爸爸妈妈们可以参考表9.3的方式，帮助幼儿增加对于自己的了解。

表 9.3　自我认同小游戏

游戏名称	游戏规则	游戏目的
自我画像	给孩子提供纸张和绘画工具，让他们画出自己的肖像，可以加入自己喜欢的颜色、特点等。也可以一家人坐在一起，每个人用绘画来表达自己的爱好、特长或心情	帮助孩子认识自己的外貌特点，增强自我认同。培养幼儿表达自己的能力，增强自我认知和自信心
夸夸小朋友	家庭成员轮流说出对其他家庭成员的赞美和夸奖之词，每个人都有机会成为"被夸奖者"	帮助幼儿接受赞美，促进家庭成员之间的积极互动
我的特点	家庭成员共同讨论并列出每个人的优点和特点，然后将这些特点制作成一张"家庭特点表"	培养幼儿认识自己的优点，强化自我认同和家庭凝聚力
自我肯定游戏	家长提出一些情境，让幼儿用积极的语言来表述自己在这些情境下的表现	培养幼儿自我肯定和自信，培养积极的自我形象
快乐时光相册	制作一个属于孩子自己的照相册，里面放满孩子开心、自豪的照片，如获得奖状、完成手工作品时的照片等	帮助幼儿回顾自己的成就，增强自信和自尊
角色扮演	家庭成员分别扮演不同的角色，通过角色扮演的方式，让孩子体验到不同角色的自信和特点	培养幼儿的想象力，让他们更好地认识自己和他人
心情日记	帮助孩子每天记录自己的喜怒哀乐，鼓励他们自由表达情感	培养幼儿情感表达的能力，增强自我认知和情绪管理能力

后

记
一

　　完成这本书经历了一年多的时间，抛开调研时间，还经历了两次 U 盘意外格式化和硬盘数据受损的情况，导致这本书最开始完成的内容全部变成泡影。

　　当然写完全书，回顾两次丢失数据时的崩溃感其实不值一提。因为又通过了两个学期的磨合，书中的很多游戏经过我和学生们的实践和再次完善，游戏的内容也更为丰富一些。加上额外的两个月去幼儿园进行考察学习，让我有机会把脑海中一些亲子游戏的构思得以实践，反馈都还令人满意。尤其是让我有机会近距离和年轻的爸爸们进行沟通。

　　对于年轻爸爸们而言，当他们知道能够和孩子一起玩什么游戏，而这些游戏恰好又是自己喜欢的类型时，他们的育儿热情就会空前高涨，比妈妈们不断催促下再带孩子要积极得多。

　　有一个爸爸告诉我，他不曾想过楼下的一草一木甚至是锅里的水、穿过客厅的风都能够成为带孩子进行游戏的好对象，也没想过原来这些小游戏对孩子的发展有多么重要。所以借此机会，把我几年教学与咨询过程中所实践过的一些好的方式分享给年轻的爸爸妈妈们，希望妈妈们能够给爸爸们多一些耐心和鼓励，让爸爸们和孩子一起成长，最后变成孩子心中的"爸爸超人"，变成这个家中的"育儿超人"。

其实说到爸爸，现在有很多年轻的爸爸特别想参与照顾孩子的环节。他们从观念上就已经有了改变和突破，我想这也将给妈妈们带来坚实的依靠。

文中的皮皮爸爸从啥也不懂，到慢慢发现自己能够发挥自己的特长带着皮皮一起玩耍，能够成为皮皮心中了不起的"英雄爸爸"，这样的情节虽然很理想化，但仍希望在你我身边能够多一些皮皮爸爸这样的男性，承担起育儿的重要责任。也希望我们的下一代能够在爸爸陪伴的成长环境中，获得更饱满的幸福。

跟着爸爸一起学会爱、学会陪伴、学会有责任心，学会做一个了不起的小朋友！